Ute Braun u. a.

Geographie: Theorie und Erfahrung

Geographie:
Theorie und Erfahrung

Beiträge zur raumwissenschaftlichen Bildung

Mit Beiträgen von

Ute Braun
Egbert Daum
Eckart Pflüger
Dieter Sajak
Wulf Schmidt-Wulffen
Karl Taubert

Ferdinand Schöningh, Paderborn

CIP-Kurztitelaufnahme der Deutschen Bibliothek

Geographie: Theorie und Erfahrung:

Beitr. zur raumwiss. Bildung/mit Beitr. von Ute Braun ...
-Paderborn: Schöningh, 1983.
ISBN 3-506-71515-1

NE: Braun, Ute (Mitverf.)

ISBN 3-506-71515-1

Inhaltsverzeichnis

V o r w o r t :

Joachim Engel liebt es nicht, wenn für ihn Fanfaren geblasen
werden. Daher hat er eine mit dem Erreichen einer "ehrwürdigen"
Altersschwelle sich "pflichtgemäß" vollziehende Würdigung stets
abgelehnt. Wenn wir dennoch - entgegen diesem uns bekannten
Standpunkt - versuchen, ihm zum 65. Geburtstag eine persönliche
Widmung in Form dieser Festschrift zu überreichen, dann geschieht dies aus der Überzeugung, daß unser langjährig enges und
persönlich herzliches Verhältnis das Mißverständnis ausschließen
dürfte, diesen Band als "Pflichtübung" zu deuten. Vielmehr möch-
ten wir hiermit ein Zeichen echter Verbundenheit setzen und vor
allem bekunden, daß wir die stets angebotene Zusammenarbeit,
die Vielfalt der Anregungen und die uns eingeräumten Freiheits-
spielräume bewußt und dankbar aufgenommen haben.

In einer Hochschullandschaft, in der Fachdidaktik sich nie als
gesellschaftlich gleichrangig gegenüber der Fachwissenschaft
etablieren konnte, gehört schon viel Mut dazu, seine Aufgaben
und Schaffenskraft mehr als nur verbal in den Dienst einer vor-
rangig sich pädagogisch verstehenden Fachinterpretation zu
stellen, statt ständig auf fachgeographische Reputation bedacht
zu sein. Auch dafür schulden wir als Fachdidaktiker J. Engel
Dank und Hochachtung. Wir haben in J. Engel einen überzeugten
Pädagogen kennengelernt, der die mehrere Generationen während
Lehrertradition seiner Familie fortgesetzt und ungeachtet von
Modetrends und Tendenzwenden immer einen pädagogisch engagierten
Standpunkt eingenommen hat.

Das Lehrerdasein - an Schulen und Hochschulen - zieht sich denn
auch wie ein roter Faden geradlinig durch J. Engels Leben. Vor
dem Kriege an der "Hochschule für Lehrerbildung" in Hirschberg/
Riesengebirge für Erd- und Heimatkunde ausgebildet, setzte
J. Engel 1940, nach einer kurzen Zeit als Lehrer, sein Studium
an der Universität Breslau fort, um es 1945 mit dem Staats-
examen für das Höhere Lehramt abzuschließen. 1946 in den Refe-
rendariatsdienst nach Bremen übergewechselt, verbringt er dort
die nächsten achtzehn Jahre als Studienrat. Diese langen Bremer
Jahre wurden jedoch 1960 durch einen einjährigen Studienaufent-
halt in den USA unterbrochen: Ein Fulbright-Stipendium ermög-

lichte ihm ein Studium an der Senior Highschool in Mercer
Island/Washington. 1963 wurde J. Engel dann als Dozent für
Schulpädagogik an die Universität Bremen berufen, wo ihm die
Aufgabe oblag, im Rahmen der Lehrerausbildung die Verbindung zu
Erdkunde und Heimatkunde herzustellen. 1965 folgte dann mit der
Gastdozentur an der University of Washington in Seattle der
zweite Amerikaaufenthalt, der durch die Beschäftigung mit dem
"High School Geography Project" (HSGP) weichenstellenden Einfluß auf die weitere wissenschaftliche Tätigkeit J. Engels
hatte. Er wurde zu einem Wegbereiter der angelsächsischen raumwissenschaftlich orientierten Geographie ("spatial approach"),
die ebenso wie das HSGP vornehmlich durch J. Engels Publikationen hierzulande eingeführt und verbreitet wurde.

1965 begann mit einem Studium an der Universität Hamburg (Pädagogik, Geographie, Soziologie) ein neuer Abschnitt oder - wenn
man so will - die konsequente Fortführung der in den USA aufge-
nommenen Impulse. Engel widmete sich in dieser Zeit auch verstärkt der internationalen Schulbuchanalyse, die dann auch
Gegenstand seiner Dissertation wurde ("Afrika im Schulbuch
unserer Zeit"; 1972). Im Jahre 1974 fiel dann die Wahl für die
Neubesetzung des vakanten Lehrstuhls für "Geographie und ihre
Didaktik" an der Abteilung Hannover der damaligen Pädagogischen
Hochschule Niedersachsen auf ihn.

In den acht Jahren hannoverscher Tätigkeit haben wir die einzelnen Stationen seines fachdidaktischen Engagements aus näch-
ster Nähe beobachten können. Klammert man die organisatorischen
Tätigkeiten - wie die Erstellung neuer Studien- und Prüfungs-
ordnungen, Tätigkeit in der Schulpraktikumskommission oder die
Leitung der Konferenz niedersächsischer Fachdidaktiker Geographie - einmal aus, so bleibt eine Vielzahl von Innovationen,
die "frischen Wind" in unser Fach brachten, die von uns Mitar-
beitern als herausfordernde Anregungen aufgenommen und verar-
beitet wurden. Diese Schaffensschwerpunkte, in Fortsetzung
Bremer und amerikanischer Tätigkeiten oder hier neu begonnen,
waren uns Anlaß und Anknüpfungspunkte für die in diesem Band
zusammengestellten Beiträge:

- Die intime Kenntnis des HSGP dürfte den Hintergrund für die Berufung J. Engels in den Lenkungsausschuß des deutschen Pendants, des RCFP (Raumwissenschaftliches Curriculum-Forschungs-Projekt) abgegeben haben. Das RCFP bildete die erste Möglichkeit, einen Großteil seiner hannoverschen Mitarbeiter an Teilprojekten zu beteiligen. Auf diese Arbeit blickt E. Pflüger in seinem Beitrag zurück.

- Ebenfalls in den USA angelegt wurde J. Engels Verständnis einer gesellschaftsverpflichteten, raumwissenschaftlich orientierten Geographie, die ihn in Deutschland mit D. Bartels zusammenführte. Eigenem Bekunden nach ging es ihm dabei um die Förderung von Bestrebungen, "aus dem grundlegenden Raumbezug heraus die Lebenswirklichkeit in ihrer Breite und ihrer je aktuell politischen Akzentuierung stärker in das wissenschaftliche Betätigungsfeld einzubeziehen". An ein solches kritisches Verständnis von Raumwissenschaft knüpft der Beitrag von E. Daum zur Wirtschaftsgeographie an.

- Aus gleicher amerikanischer Wurzel rühren jene Beiträge J. Engels, die stärker noch in seine an die Studentenschaft gerichteten Veranstaltungen als in seine Veröffentlichungen einflossen: Geographie aus der Wahllosigkeit und Zufälligkeit ihrer Fragestellungen zu befreien und zu praxisrelevanten Ergebnissen zu führen. An soziale Bedürfnisse geknüpfte Planungsaufgaben verfolgte er im Sinne einer möglichen, im kritischen Rationalismus Poppers begründeten Modellbildung. Diesen Zweig nimmt D. Sajak in seinem Beitrag über die Raumordnung in den niederländischen Poldergebieten auf.

- Was bis dato schon angelegt aber entsprechend mangelnder Tradition in der Geographie noch nicht zum Durchbruch gelangt war - die Verknüpfung fachfremd entstandener Gesellschaftstheorie mit modernen Fragestellungen und Zugriffsweisen seitens des Faches zugunsten attraktiver sozialgeographischer Unterrichtsbeispiele - das gelingt Engel bei der Beschäftigung mit den Problemen der Dritten Welt. Sein Engagement, sein pädagogisch begründetes Eintreten "für eine Geographie, die es mit politischen Fragestellungen zu tun hat, (die es gelte), aus der Standpunktlosigkeit herauszuführen", sein

Plädoyer für eine Schul-Erdkunde, die, "wenn es ihr um Demo-
kratisierung und Emanzipation ernst ist, engagiert Stellung
(zu) nehmen (habe) zugunsten der Armen und Unterdrückten",
bringt ihm nicht nur Anerkennung, sondern auch Kritik in
Fachkreisen ein. Als einer, dem dieser Standortbezug Mut gemacht hat, nimmt W. Schmidt-Wulffen in einem Beitrag zur Ent-
wicklungstheorie und den damit verbundenen Vermittlungspro-
blemen den von J. Engel gelegten Faden wieder auf.

- Fragen der Dritten Welt für die Schule aufzuarbeiten ließen
  J. Engel als Mitherausgeber der neuen fachdidaktischen Zeitschrift "geographie heute" zum Verfasser des ersten Heftes
  werden, das sich dem Schicksal der Sahelzone widmet. Als
  Koautor dieses Heftes setzt K. Taubert seinen damaligen Beitrag mit einer Vorstellung von Entwicklungsprojekten im Sahel
  fort.

- Das ständige Bemühen J. Engels um eine praxisorientierte Ausbildung seiner Studenten an öffentlichkeitsrelevanten Projekten - etwa der Nordtangente Hannover oder dem Ausbau Schee-
  ßels zum Urlaubsort - manifestierte sich in Feldstudien- und
  Exkursionsunternehmungen. Hier knüpft U. Braun mit ihrer Auswertung einer Exkursion nach Kreta an.

Schließlich - so unsere Annahme - scheint auch der Verlag
Ferdinand Schöningh/Paderborn zum Kreis jener zu gehören, die
die wissenschaftliche Arbeit J. Engels hochschätzen. Wie anders
wäre es zu erklären, daß in einer Situation, in der der Rot-
stift in den Verlagsstuben regiert, uns die kostenlose Druckle-
gung dieses Bandes angeboten wurde. Hierfür sei dem Verlag
besonders gedankt.

Ute Braun
Egbert Daum
Eckart Pflüger
Dieter Sajak
Wulf Schmidt-Wulffen
Karl Taubert

DAS RAUMWISSENSCHAFTLICHE CURRICULUM-FORSCHUNGSPROJEKT (RCFP)

Von Eckart Pflüger

Die Länderkunde als dominierendes didaktisches Prinzip der
Schulerdkunde starb Ende der 60er Jahre einen schnellen Tod -
von den einen als schmerzlich, von den anderen als befreiend
empfunden, und von vielen lange gar nicht wahrgenommen. Sie
wurde zunächst von einer neuorientierenden Diskussion abgelöst,
die im wesentlichen von zwei Ansätzen ausging:

- die fachdidaktische Neuorientierung
  (mit den Schwerpunkten Allgemeine Geographie
  und Sozialgeographie)

- die Lernzieldiskussion.

Diese Neuorientierung wurde von Lehrenden aus Universitäten,
Pädagogischen Hochschulen und Schulen gleichermaßen in einer
Art Aufbruchstimmung mit Innovationsfreude geführt.

Sie war auch dringend notwendig geworden, denn unübersehbar war
mittlerweile der Relevanzverlust des Schulfaches Erdkunde. In
den 1969 erschienenen Empfehlungen der Bildungskommission zur
Einrichtung von Schulversuchen mit Gesamtschulen existiert das
Fach Erdkunde für die Mittelstufe (Kl. 5-10) nicht mehr, und
in der Oberstufe (Kl. 11-12) wird es nur noch im Zusammenhang
mit dem Fach "Politik" erwähnt, ohne noch einen weiteren Einfluß auf dessen Inhalte zu haben.

Der hier vollzogene Bedeutungsabbau der Geographie war (und ist)
entlarvend sichtbar an der schulischen Praxis der Lehrerversor-
gung des Faches Erdkunde. Im nichtgymnasialen Bereich spielte
(und spielt) die Qualifikation des Unterrichtenden für das Fach
eine untergeordnete Rolle. So wird Erdkundeunterricht verbreitet
von Lehrern erteilt, deren Qualifikation sich vielfach nur auf
die eigene Schülererfahrung, den Besitz eines Schülerbuches
sowie die Allgemeinbildung gründet.

Bei diesem Typ des Erdkundelehrers gehen geringe Fachkenntnis, wenig weitergehendes Fachinteresse, mangelndes Problembewußtsein für fachdidaktische Fragen und Innovationsunfähigkeit weitgehend parallel.

So kann es nicht erstaunlich sein, daß die Diskussion um die Neuorientierung der Geographie als Schulfach zwar intensiv geführt wurde, sie jedoch einen großen Lehrerkreis nicht erreichte. Deshalb blieben so wichtige Didaktiker wie beispielsweise ENGEL, ERNST, GEIPEL, HENDINGER, HOFFMANN, RUPPERT, SCHAFFER, SCHRETTENBRUNNER und SCHULTZE, um nur einige zu nennen, in der Lehrerschaft lange Zeit auch vom Namen her unbekannt.

Die sich in einer regen Publikationstätigkeit herausbildenden Strukturen einer "Neuen Geographie" wurden bald über Lehrbücher in die Schulen getragen. Sie trafen dort aber auf Lehrer, die nun didaktisch völlig unvorbereitet mit den neuen Konzeptionen arbeiten mußten - Konzeptionen, die sie weder kannten noch einzuordnen, geschweige denn umzusetzen in der Lage waren.

Hatte der länderkundliche Erdkundeunterricht den nicht fachlich ausgebildeten Lehrer immer wieder dazu verführt, platte Monokausalität zu vermitteln, so unterlag der gleiche Lehrer bei der Vermittlung unverstandener allgemeingeographischer Inhalte nun dem Reiz, wieder auf geodeterministische Erklärungsmodelle zu verfallen. Bei sozialgeographischen Themen beschränkte man sich oft auf reine Funktionenlehre im Sinne von Begriffserklärungen oder vermittelte Schülern gar die für sie je nach sozialer Herkunft mehr oder weniger frustrierende "Wahrheit", die in sozial-deterministischen Erklärungen liegen kann.

In dem 1969 erschienenen Aufsatz "Das Verhältnis von Social Studies und Erdkunde in den Schulen der USA" beschreibt ENGEL den Bedeutungsverlust, den die Erdkunde als Schulfach in Amerika sehr früh hinnehmen mußte. Jener Relevanzverlust fand eine erstaunliche Parallele in der Entwicklung in Deutschland während der 50er und 60er Jahre.

Noch Ende des 19. Jahrhunderts waren Ziele und Vermittlungs-
methoden in Deutschland und Amerika vergleichbar: die vorwiegend naturwissenschaftlich ausgerichteten Inhalte des Faches
(Physical Science, Physiography) wurden bei starker Stellung
der Topographie durch erstarrende Methoden (beschreiben, erklären, auswendiglernen) vermittelt.

ENGEL macht auf den Substanzverlust aufmerksam, den die derart
strukturierte Erdkunde in dem Moment erfuhr, als sie 1916 in
das Sammelfach "Social Studies" integriert wurde. Spätere Auf-
wertungsversuche führten in der Schulpraxis allerdings nur zu
einer geodeterministischen Ausrichtung der ohnehin geringen
erdkundlichen Anteile. Dieser Determinismus war in der wissenschaftlichen Geographie längst überwunden, im amerikanischen
Schulbereich verharrte er jedoch bis in die 50er Jahre.

Während sich "Social Studies" zunehmend zu einem ausschließ-
lichen Verhaltensfach entwickelte, wurde der Mangel an Fachstrukturen für die Erziehungsziele von "Social Studies" immer
offensichtlicher. Vor diesem Hintergrund wurde von dem 1958 aus
Fach- und Schulgeographen gegründeten "Joint Committee on
Education" der Bruch mit der alten Erdkunde vollzogen. Sie
sollte durch einen mehr sozialgeographischen Ansatz abgelöst
werden, der die Raumwirksamkeit menschlichen Handelns in den
Vordergrund stellt.

Dem für diesen Neuansatz federführenden "Joint Committee on
Education" waren die unendlichen Schwierigkeiten bewußt, eine
derartige Zielsetzung in einem möglichst kurzen Zeitraum zu
innovieren. Man kam schließlich zu dem Ergebnis, daß nur durch
gute Unterrichtsbeispiele die Ideen des Neuansatzes in die
Schulen transportiert werden könnten.

Am Ende dieser Überlegungen stand das "High School Geography
Project" (HSGP) - ein auf der Basis der Erkundungs- und Erfor-
schungsmethode basierendes, bis in alle Details ausgearbeitetes
Unterrichtsprojekt, das unter großem personellem und finan-
ziellem Aufwand entwickelt worden war.

Die Geschichte des HSGP ist bei ENGEL ausführlich beschrieben.
Es sollen deshalb hier nur die Grobstrukturen dargestellt
werden:

1. Fachgeographen erarbeiten grundlegende Gedanken zum Geographieunterricht (1961)

2. Unter intensiver Zusammenarbeit von wissenschaftlichen Geographen und Lehrern (je 1:1) werden die grundlegenden Gedanken in konkrete Unterrichtseinheiten umgesetzt, ihre Ergebnisse wissenschaftlich ausgewertet und veröffentlicht
(1961-1964).

3. Entwicklung eines in sich geschlossenen Unterrichtsprogramms
auf der Basis der Auswertung der bisherigen Ergebnisse mit
dem Titel: "Geography in an Urban Age".

4. Landesweite Erprobung des Programms an 70 High Schools,
Revision und Erstellung der Endfassung des Projekts.

5. Verwendung des Projekts in den Schulen und Einrichtung von
Fortbildungsstätten mit dem Ziel, das Innovationstempo
drastisch zu erhöhen.

Damit war es in Amerika gelungen, einen Ansatz zu finden, die
Geographie aus der Umklammerung eines Über- Faches zu lösen,
ihr neue Zielsetzungen zuzuweisen, die geeignet sind, junge
Menschen auf die Bewältigung gegenwärtiger und zukünftiger
Lebenssituationen vorzubereiten und damit der Geographie als
Schulfach auch wieder eine höhere gesellschaftliche Relevanz
zu verschaffen. (Das HSGP wurde so z.B. angesichts einer Ver-
städterungsrate in den USA von etw 70 % ganz bewußt mit dem
Projekt "Geography in an Urban Age" -(Geographie in einem
Stadtzeitalter) gestartet.)

War der amerikanische Weg auf deutsche Verhältnisse übertrag-
bar? Sollte dieses HSGP nicht trotz eines hierzulande anderen
didaktischen und gesellschaftlichen Umfeldes Modellcharakter
für die Lösung ähnlicher Probleme haben können?

ENGEL kommt (1969) zu folgenden Konsequenzen:

"Wollte man für die deutschen Verhältnisse Lehren ziehen,
dann die:

1. Die Bildungsziele und Fachstrukturen der Erdkunde sind neu
   zu überdenken.

2. Nur eine lang anhaltende, zu gegenseitigem Verständnis be-
   reite Zusammenarbeit zwischen Hochschul- und Schulgeographie
   vermag didaktisch-methodisches Neuland zu erschließen.

3. Die Unterrichtsforschung müßte auf breitere Basis gestellt
   werden... In größerer Zahl müßten Lehrer für pädagogisch-
   fachliche Untersuchungen von ihrem Dienst beurlaubt werden...

4. Um Aufgaben dieser Art bewältigen zu können, müssen neue
   Finanzquellen erschlossen werden."

Tatsächlich erwies sich das HSGP als Initialzündung für ein
deutsches Projekt. 1971 legitimierte der Geographentag in Erlangen das Vorhaben eines Raumwissenschaftlichen Curriculum-
Forschungsprojekts des Zentralverbandes der Deutschen Geographen. Nach einer finanziell schwierigen Anfangsphase wird
das RCFP das erste offiziell vom Bund, den Ländern und den
Stadtstaaten geförderte Curriculum-Projekt. Dies bestätigt
den hohen Stellenwert, den vor dem Hintergrund Robinsohn'scher
Forderungen nach einer Curriculumreform nicht nur geographische
Fachverbände, sondern auch die Bildungspolitiker diesem Innovationsbemühen zuerkennen.

Abb. 1   Die Organisation des RCFP

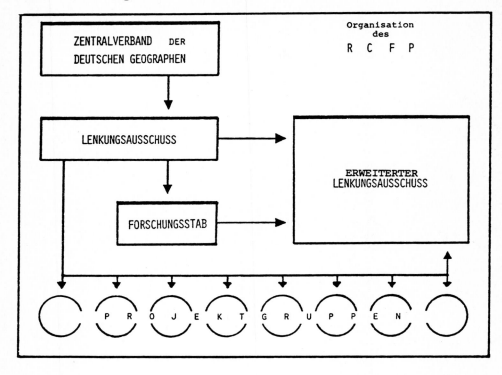

FÜRSTENBERG/JUNGFER 1978

Mit der Sicherung der Finanzierung war eine wesentliche Voraus-
setzung für eine erfolgreiche Arbeit geschaffen. Die in dem
Projekt liegenden Innovationschancen dokumentieren sich nicht
nur in der Zusammensetzung des (mittlerweile gebildeten) RCFP-
Lenkungsausschusses, dessen Mitglieder sich aus Lehrenden an
Universitäten, Pädagogischen Hochschulen und Schulen zusammen-
setzen. Auch der Interessentenkreis der ersten Tagung 1973
- etwa 50 Teilnehmer aus den Bereichen Universität, Pädagogische
Hochschule, Studienseminare verschiedener Schularten und aus der
Berufspraxis - läßt erkennen, daß es dem RCFP gelingen würde,
Hochschul- und Schulpraxis zu einer auf Innovationen zielenden
Zusammenarbeit zu bringen.

Ihre Leitlinien formulierte GEIPEL (1974):

"Es geht um einen innovativen Anstoß, den Erdkundeunterricht an den Schulen entscheidend zu reformieren und den Abstand zwischen Forschungsfront und Schule zu verkürzen, indem

a) Aufgaben raumgestaltender Disziplinen, wie Landesplanung, Städtebau, Verkehrswissenschaften, Regionalökonomie, Gemeindesozilogie, Verwaltungswissenschaften, Ökologie, Umweltschutz usw. als "Angewandte Geographie" zentraler als bisher in den Unterrichtskanon gerückt werden,

b) als Bildungsziel nicht eine diffuse "Allgemeinbildung" - geographisch abgebildet durch ein möglichst umfangreiches Faktenwissen über Länder und Völker - angestrebt werden soll, sondern ein methodenbewußtes Leistungswissen, durch das die Schüler instandgesetzt werden, als selbst von Planungsprozessen Betroffene kritisch an diesen mitzuwirken.

c) Solche Kenntnis- und Methodenvermittlung soll mit neuen Unterrichtsstrategien möglich werden, wobei räumliche Entwicklungen in einem prozessualen Unterrichtsverfahren zu entwickeln sind, welches erlaubt, Entscheidungsverhalten praktisch einzuüben."

Abb. 2   Zielsetzungen des RCFP

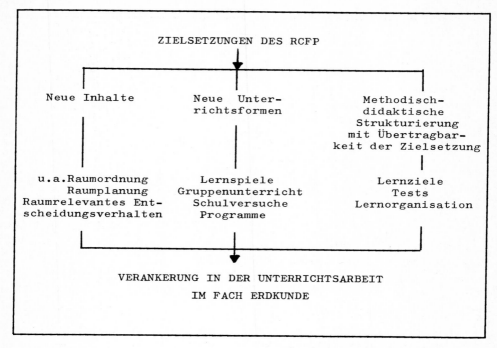

FÜRSTENBERG/JUNGFER 1978

Die besondere Situation des RCFP zeigt sich nicht nur in der Tatsache, daß es als einziges Curriculum-Projekt vom BMWB finanziert wurde, sondern auch in seiner Struktur: als einziges vergleichbares Curriculum-Projekt ist es dezentral und quasi flächendeckend angelegt.

Abb. 3   Projektgruppen des RCFP

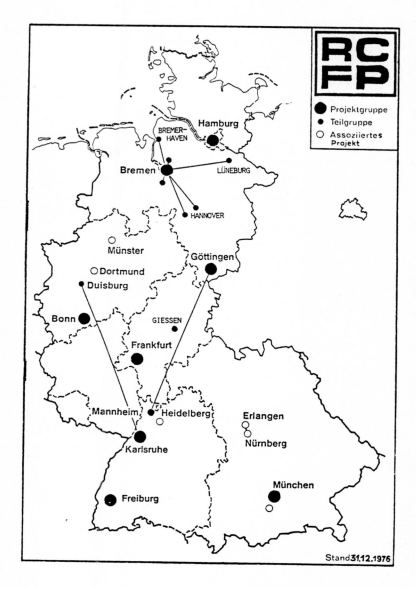

FÜRSTENBERG/JUNGFER 1978

Der Verzicht auf eine personell und örtlich zentrale Steuerung
verlagerte die Initiativen auf die einzelnen Arbeitsgruppen und
förderte damit den bundesweiten innovatorischen Ansatz des Projekts. Dieser strukturierte sich durch den Informations- und
Erfahrungsaustausch auf den verschiedenen RCFP-Arbeitstagungen
sowie den kleineren Regionaltagungen der Teilgruppen.

Rückschauend muß der besondere Wert der RCFP-Arbeit für die
Weiterentwicklung der Geographiedidaktik nicht nur in den Produkten gesehen werden, sondern auch darin, daß auf den gemeinsamen Arbeitstagungen die Trennung zwischen Fach- und Schulgeographen bzw. Universität und Schule überwunden wurde und
kollegiale Zusammenarbeit entstand.

Die inhaltliche Struktur des RCFP

Die in dem HSGP entwickelten Lernstrategien und besonderen Ver-
mittlungsformen sollten für das RCFP durchaus Modellcharakter
haben können, nicht aber dessen inhaltliche Schwerpunktbildung
(Stadtgeographie) sowie der auf einen begrenzten schulischen
Ausschnitt zielende Umfang (etwa ein bis zwei Jahrgänge).

Galt es in den USA,zunächst einmal eine nahezu verschwundene
Geographie erstmals wieder in die Schule hineinzutragen, so
hatte das RCFP in Deutschland die Aufgabe, in bestehende Lehr-
pläne mit neuen Zielen hineinzuwirken.

Dies konnte nicht mit einem umfangmäßig begrenzten, inhaltlich
geschlossenen Kurs, so wie es das HSGP darstellt, geschehen.
Das RCFP sollte vielmehr Unterrichtsprojekte liefern, die allen
Lehrplänen zuzuordnen wären - von der Primarstufe bis hin zur
Sekundarstufe II (Kollegstufe), um somit Bausteine zu schaffen,
die zu Kernpunkten einer Curriculumreform würden.

Die inhaltliche Stoßrichtung der Projekte ergab sich schließlich
aus den von GEIPEL formulierten Leitlinien.

Abb. 4 Die RCFP-Projekte

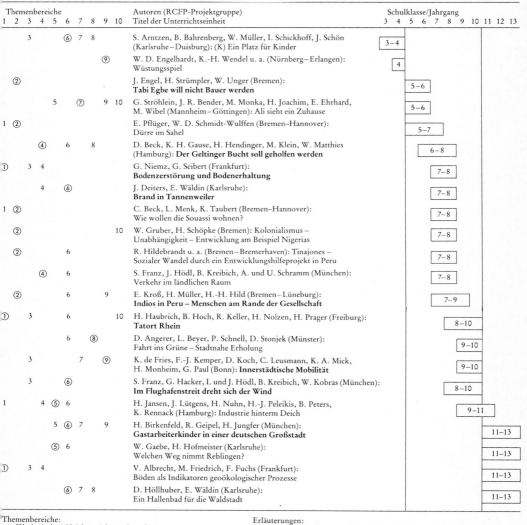

Themenbereiche (1–10)	Autoren (RCFP-Projektgruppe) / Titel der Unterrichtseinheit	Schulklasse/Jahrgang (3–13)
3 (6) 7 8	S. Arntzen, B. Bahrenberg, W. Müller, I. Schickhoff, J. Schön (Karlsruhe–Duisburg): (K) Ein Platz für Kinder	3–4
(9)	W. D. Engelhardt, K.-H. Wendel u. a. (Nürnberg–Erlangen): Wüstungsspiel	4
(2)	J. Engel, H. Strümpler, W. Unger (Bremen): **Tabi Egbe will nicht Bauer werden**	5–6
5 (7) 9 10	G. Ströhlein, J. R. Bender, M. Monka, H. Joachim, E. Ehrhard, M. Wibel (Mannheim–Göttingen): Ali sieht ein Zuhause	5–6
1 (2)	E. Pflüger, W. D. Schmidt-Wulffen (Bremen–Hannover): Dürre im Sahel	5–7
(4) 6 8	D. Beck, K. H. Gause, H. Hendinger, M. Klein, W. Matthies (Hamburg): **Der Geltinger Bucht soll geholfen werden**	6–8
(1) 3 4	G. Niemz, G. Seibert (Frankfurt): **Bodenzerstörung und Bodenerhaltung**	7–8
4 (6)	J. Deiters, E. Wäldin (Karlsruhe): **Brand in Tannenweiler**	7–8
1 (2)	C. Beck, L. Menk, K. Taubert (Bremen–Hannover): Wie wollen die Souassi wohnen?	7–8
(2) 10	W. Gruber, H. Schöpke (Bremen): Kolonialismus – Unabhängigkeit – Entwicklung am Beispiel Nigerias	7–8
(2) 6	R. Hildebrandt u. a. (Bremen–Bremerhaven): Tinajones – Sozialer Wandel durch ein Entwicklungshilfeprojekt in Peru	7–8
(4) 6	S. Franz, J. Hödl, B. Kreibich, A. und U. Schramm (München): Verkehr im ländlichen Raum	7–8
(2) 6 9	E. Kroß, H. Müller, H.-H. Hild (Bremen–Lüneburg): **Indios in Peru – Menschen am Rande der Gesellschaft**	7–9
(1) 3 6 10	H. Haubrich, B. Hoch, R. Keller, H. Nolzen, H. Prager (Freiburg): **Tatort Rhein**	8–10
6 (8)	D. Angerer, L. Beyer, P. Schnell, D. Stonjek (Münster): Fahrt ins Grüne – Stadtnahe Erholung	9–10
3 7 (9)	K. de Fries, F.-J. Kemper, D. Koch, C. Leusmann, K. A. Mick, H. Monheim, G. Paul (Bonn): **Innerstädtische Mobilität**	9–10
3 (6)	S. Franz, G. Hacker, I. und J. Hödl, B. Kreibich, W. Kobras (München): **Im Flughafenstreit dreht sich der Wind**	8–10
1 4 (5) 6	H. Jansen, J. Lütgens, H. Nuhn, H.-J. Peleikis, B. Peters, K. Rennack (Hamburg): Industrie hinterm Deich	9–11
5 (6) 7 9	H. Birkenfeld, R. Geipel, H. Jungfer (München): **Gastarbeiterkinder in einer deutschen Großstadt**	11–13
(5) 6	W. Gaebe, H. Hofmeister (Karlsruhe): Welchen Weg nimmt Reblingen?	11–13
(1) 3 4	V. Albrecht, M. Friedrich, F. Fuchs (Frankfurt): Böden als Indikatoren geoökologischer Prozesse	11–13
(6) 7 8	D. Höllhuber, E. Wäldin (Karlsruhe): Ein Hallenbad für die Waldstadt	11–13

Themenbereiche:
1. Ökologisches Gleichgewicht (sechsmal)
2. Probleme der Entwicklungsländer (sechsmal)
3. Probleme von Verdichtungsräumen (sechsmal)
4. Probleme ländlicher Räume in Industriestaaten (sechsmal)
5. Struktur- und Wachstumsprobleme der Industrie (viermal)
6. Infrastrukturprobleme (dreizehnmal)
7. Probleme des Wohnumfeldes (fünfmal)
8. Räumliche Dimensionen des Freizeitverhaltens (viermal)
9. Bevölkerungsverteilung – Mobilität (fünfmal)
10. Staaten – Blöcke – Grenzen (dreimal)

Erläuterungen:
Die eingekreisten Nummern ① bezeichnen die thematischen Schwerpunkte.
Die **fett gedruckten** Einheiten wurden für die zentrale Erprobung ausgewählt.
Die Klassenstufen 3–4 gelten zunächst nur für die Erprobungsfassungen.
Sie wurden nach der Erprobung teilweise verändert.
Weitere RCFP-Unterrichtseinheiten befinden sich noch in der Entwicklung.

FÜRSTENBERG/JUNGFER 1980

Evaluation und Revision

Die folgende Phase des RCFP ist durch die Entwicklungsarbeit
der Einzelprojekte bestimmt. Erste greifbare Ergebnisse wurden
1976 auf dem 15. Deutschen Schulgeographentag in Düsseldorf
präsentiert und in Arbeitsberichten vorgestellt. Trotz des z.T.
schon fortgeschrittenen Standes mehrerer Projekte vergingen bis
zu ihrem Erscheinen noch drei Jahre und mehr. Dies erklärt sich
aus der Tatsache, daß zwischen Fertigstellung und Veröffentlichung ein sowohl personell wie zeitlich aufwendiges Evaluationsverfahren gesetzt wurde.

Abb. 5   Evaluation und Revision der RCFP-Unterrichtseinheiten

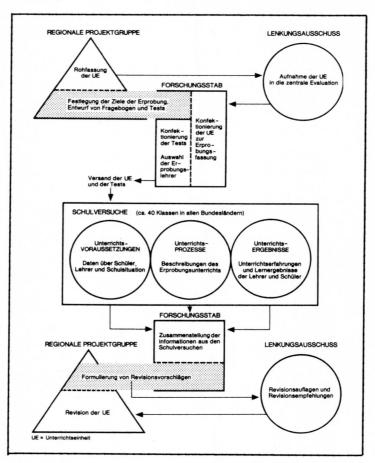

FÜRSTENBERG/JUNGFER 1980

Ziel der Evaluation war, Schwächen der Projekte (Unterrichtseinheiten) zu ermitteln und zu quantifizierbaren, im Rahmen des RCFP vergleichbaren Ergebnissen zu gelangen. Dieses wurde bei FÜRSTENBERG/JUNGFER (1980) detailliert dargestellt.

Das Schema des Evaluationsverfahrens zeigt, mit welch großem Anspruch und Aufwand die Einzelprojekte erprobt, überprüft und verbessert wurden, ehe sie schließlich in der Endfassung zur Veröffentlichung als fertige Unterrichtspakete vorlagen, die aus Lehrerheft, Medien und Schülerheften in Klassensatzstärke bestehen.

Zudem ist zu berücksichtigen, daß bereits in der (vor dem Evaluationsschema liegenden) Entwicklungsphase wesentliche Projektteile, Medien, Methoden und Lernstrategien oftmals vielfach vorerprobt wurden. Diese Erprobungsbreite und -qualität verschafft dem RCFP eine außergewöhnliche Sonderstellung gegenüber allen vergleichbaren Curriculum-Projekten.

<u>Der derzeitige Stand des RCFP</u>

Von den 22 RCFP-Projekten waren schließlich 9 so weit fertiggestellt, daß sie nach Durchlaufen der zentralen Evaluation und Revision veröffentlicht werden konnten. Zu diesem Zeitpunkt hatte ein Großteil der übrigen Projekte bereits einen so fortgeschrittenen Stand erreicht, daß sie entweder die Evaluation bereits durchlaufen hatten oder kurz vor der Aufnahme in das Evaluationsverfahren standen, als der Forschungsstab mit Auslaufen der Evaluationsphase 1978 aufgelöst wurde.

Die Veröffentlichung der fertiggestellten Projekte erfolgte durch zwei namhafte deutsche Schulbuchverlage unter für das RCFP besonders günstigen Bedingungen. So sollten die Verlage u.a.
- die Veröffentlichungen unter gemeinsamen Layout und gemeinsamer Werbung betreiben

- konkurrenzfrei und unter weitgehendem Erfahrungsaustausch zusammenarbeiten

- die erste Auflage gewinnfrei kalkulieren.

Bei derart günstigen Startbedingungen schien dem RCFP eine glückliche Zukunft verheißen.

Das erste Unterrichtsprojekt (FRANZ, HACKER, KREIBICH: Im Flughafenstreit dreht sich der Wind) erschien 1978. In schneller Folge wurden dann ab 1979 weitere RCFP-Pakete veröffentlicht:

- ENGEL, STRÜMPLER, UNGER: Tabi Engbe will nicht Bauer werden
- MATTHIES, BECK, GAUSE, HENDINGER, KLEIN: Der Geltinger Bucht soll geholfen werden
- JANSEN, LÜTJENS, NUHN, PELEIKIS, PETERS, RENNAK: Industrie hinterm Deich
- HAUBRICH, KOCH, KOLLER, NOLZEN, PRAGER: Tatort Rhein
- NIEMZ, SEIBERT: Bodenzerstörung in den USA
- GAEBE, HOFMEISTER: Welchen Weg nimmt Reblingen?

Während noch die Evaluations- und Revisionsarbeiten der übrigen Projekte fortgeführt wurden trafen die ersten irritierenden Nachrichten von den Verlagen ein: das RCFP finde keine Käufer!

Angesichts des großen Interesses, das das RCFP bis dahin ausgelöst und gefunden hatte (sichtbar wurde dies u.a. auf Tagungen, bei Vorträgen, durch die Zahl und Auflage der Veröffentlichungen und Informationsbriefe des RCFP, durch Anfragen und Besuche in- und ausländischer Interessenten), war dies eine unerwartete Entwicklung. Handelte es sich hier vielleicht nur um eine momentane Schwäche? Bedurfte es vielleicht nur eines Anstoßes, um die erwartete breite Nachfrage auszulösen?

Die Hoffnungen erfüllten sich nicht, denn das Käuferinteresse stagnierte auf niedrigem Niveau.

Als erste Konsequenz auf diese unerwartete Entwicklung erschienen die veröffentlichungsreifen RCFP-Projekte in den Verlagskatalogen fortan nur noch unter "In Vorbereitung", und die bereits evaluierten Projekte wurden auf den erreichten Entwicklungsstufen eingefroren. Das Ende des Raumwissenschaftlichen Curriculum-Forschungsprojekts wurde signalisiert, als die Unterrichtspakete in den Katalogen für 1982 zu drastisch herabgesetzten Preisen angeboten wurden.

Es fehlte nicht an Bemühungen, ein jetzt offensichtliches Scheitern des RCFP zu verhindern. Vor diesem Hintergrund muß auch die Absicht des Klett-Verlages gesehen werden, trotz des kommerziellen Mißerfolgs für 1983 die Herausgabe eines dritten Unterrichtspaketes zu planen. Ein letzter, besonders eindringlicher Versuch wurde im April 1982 von WIRTH, SANDNER, RATHJENS und HAGEDORN unternommen, der noch einmal von dem Engagement zeugt, von dem das RCFP von allen Beteiligten getragen wurde. Dieser Aufruf soll deshalb hier ungekürzt übernommen werden.

Dem Rundbrief Nr. 49 vom Februar 1982 lag eine Bestellkarte für die 7 Unterrichtseinheiten des Raumwissenschaftlichen Curriculum-Forschungs-Projekts des Zentralverbandes der Deutschen Geographen bei. Dieses Projekt, am Geographentag in Erlangen verabschiedet und mit Förderung des Bundes und der Länder im Umfang von ca. 2,5 Mio. DM erarbeitet, wurde im Jahre 1978 abgeschlossen, und seitdem erschienen nach sorgfältiger Evaluation insgesamt 7 Multimedienpakete. Sie stellen, wie zahlreiche Kommentare, auch aus dem Ausland, und Übersetzungsanträge ins Englische und Italienische beweisen, eine entscheidende Innovation des Geographieunterrichts dar. Die unterzeichneten früheren Vorsitzenden des Zentralverbandes haben das Projekt während seiner Laufzeit in den Jahren 1973 - 1978 tatkräftig unterstützt, das in einzelnen Einheiten deutlich die Handschrift einer engen Begegnung zwischen Wissenschaft und Schule zeigt. (So berieten die Kollegen Keller das Projekt "Tatort Rhein", Semmel das Projekt "Bodenzerstörung" und Wagner das Projekt "Industrie hinterm Deich").
Die Verlage Klett und Westermann haben sich für die Produktion der fertigen Projekte zu einer Verlagsgemeinschaft verbunden und zeigen auch damit, daß es sich um ein zentrales Projekt und gemeinsames Anliegen der deutschen Geographen handelt, das die Förderung der Kollegen verdient.
Es sollte als moralische Verpflichtung für unsere Institute angesehen werden, dieses Innovationsprojekt bei der Ausbildung der künftigen Lehrer im akademischen Unterricht vorzustellen und trotz der gesunkenen Bibliotheksetats für die Institute anzuschaffen. Deshalb haben die beiden Verlage auch den Preis der einzelnen Projekte trotz ihrer hervorragenden Ausstattung mit Dias und Folien usw. von DM 98,-- auf DM 48,-- reduziert. Die Unterzeichneten, die als jeweilige Vorsitzende des Zentralverbandes das RCFP begleitet haben, empfehlen den Kollegen, hinter dieser gemeinsamen Leistung des Zentralverbandes zu stehen und das Projekt entsprechend an ihren Instituten zu fördern.

Prof.Dr.E.Wirth, Erlangen
Prof.Dr.G.Sandner, Hamburg
Prof.Dr.C.Rathjens, Saarbrücken
Prof.Dr.H.Hagedorn, Würzburg

Dennoch war das Ende nicht mehr zu verhindern. Noch im Sommer 1982 war das Schicksal des Projekts besiegelt, als der Westermann Verlag den Vertrieb seiner fünf RCFP-Projekte einstellte und die Nutzung der Restbestände einer Agentur übertrug.

Warum scheiterte das RCFP?

Das RCFP ist zunächst nicht aus didaktischen, sondern aus kommerziellen Gründen gescheitert. Dabei kommt den Schulen bzw. den Lehrern eine Schlüsselrolle zu.

Um diesen Bereich zu erhellen, hat der Vf. im September 1982 den Bekanntheitsgrad des RCFP untersucht.

In einer Zufallsstichprobe wurden Lehrer befragt, die das Fach Erdkunde (oder ein Kollektivfach mit erdkundlichen Anteilen) unterrichten (unabhängig von ihrer fachlichen Qualifikation durch ein Geographiestudium). Die Erhebung wurde an einer Grundschule, an mehreren Orientierungsstufen (OS), Hauptschulen (HS) und Gesamtschulen (IGS) im Bereich der Stadt und des Großraums Hannover durchgeführt. Realschulen konnten aus organisatorischen Gründen nicht angesprochen werden, Gymnasien wurden bewußt ausgeklammert.

Es wurden 100 Fragebögen versandt. Der Rücklauf betrug 83 - ein hoher Wert, der mit der Funktion des Vf. in einem Ausbildungsseminar zu erklären ist.

Struktur und Ergebnisse der Befragung

Schultyp	GS	OS	HS	IGS
Schulen	1	6	3	2
Name des Faches mit Ek-Anteilen	Sach-unter-richt	WUK	Erdkunde/ Sozial-kunde	Gesell-schaft
befragte Lehrer	6	43	22	12

Examensjahr	n
bis 1959	3
1960 - 1964	6
1965 - 1969	9
1970 - 1974	29
1975 - 1979	30
1980 - 1982	6

Tab. 1 Aufschlüsselung der befragten
      Lehrer nach Schultypen

Tab. 2 Jahr des
      Hochschul-
      examens

Befragungsergebnisse:

Frage 1: Haben Sie schon einmal von
den RCFP gehört?

ja	nein
2	81

Frage 2: Für welche Begriffe steht
Ihrer Meinung nach diese
Abkürzung:

Antworten:	n
richtig	0
teilw.richtig	3
falsche Er-klärungen	12
phantasierei-che, abwegige Erklärungen	15
keine Antwort	53

Wenn Frage 1 mit "ja" beantwortet wurde:

Frage 3: Wie haben Sie das RCFP kennengelernt? Durch:
- Teilnahme an einer Tagung,
(wenn ja, welche?)
- Veröffentlichungen in Zeit-
schriften
- Seminarveranstaltungen oder
durch Kollegen

0
2
0

Aufgrund der zu geringen Aussagekraft (nur 1 n) werden die Ergebnisse von Frage 4 (Mit welchem Paket haben Sie gearbeitet?)
und Frage 5 (Welche Erfahrungen haben Sie damit gemacht?/Ihre
Einschätzung) hier nicht berücksichtigt.

<u>Interpretation der Untersuchungsergebnisse</u>

Zunächst muß festgestellt werden, daß das RCFP fast allen der
in dieser Stichprobe enthaltenen, das Fach Erdkunde unterrichtenden Lehrern unbekannt ist. Dies wiegt schwer, denn der größte
Teil der Befragten (77 %) hat während der regen Erprobungs- und
Publikationsphase des RCFP an einer Hochschule studiert, womit
diese Gruppe der Lehrer noch am ehesten von Innovationen hätte
erreicht werden können. Sollte diese Zufallsstichprobe auch nur
tendenziell repräsentativ für die Situation an Schulen des
Primar- und Sekundarstufe I-Bereichs (außer Gymnasien) in der
Bundesrepublik sein, so zeigt dies, daß es dem RCFP nicht gelungen ist, selbst der zunächst am leichtesten zu erreichenden
Gruppe der (zukünftigen) Lehrer bekannt zu werden oder gar ins
"didaktische Bewußtsein" zu dringen.

Zum anderen scheint der Kürzel 'RCFP' nicht geeignet zu sein,
bei den Lehrern Geographisches zu signalisieren. Die "teilweise
richtigen" Antworten weisen nur auf vage Erinnerungen hin.
Genannt wurden: "Regionales Forschungs-Projekt", "Raumcurricu-
lares Projekt" und "Curriculum?".

Ansonsten führte der Kürzel nur zu Heiterkeitserfolgen. Man
könnte die Deutungsversuche aber auch als Dokument dafür betrachten, wie sehr abstrakte, nur einer in-group verständliche
Begrifflichkeit - zudem noch abgekürzt - beste Absichten zu-
nichte macht, weil sie bei der out-group (der Schulpraxis)
Abwehr- und Trotzreaktionen provoziert, die nur mühsam durch
fast infantile Wortspielereien kaschiert werden.

(Zur Auswahl seien genannt: "Roncalli Circus Futter Platz",
"Ring christlich-förderativer Produkte", "Reaktionäre catholische
Flunker Partei", "Renitent-christlich, frustriert, plöd",
"Regionale, centrifugale Pädagogik", "Roncalli friendship paper",
"neue christliche Gesellschaft", "Rechtschristlich-föderatives

Personal oder radioaktiv-chemisch-frischer Polizeieinsatz".)

Im übrigen konnte der größte Teil der Befragten (64 %) absolut nichts mit dem Kürzel verbinden und konstatierte dies auffällig häufig mit dem Vermerk "keine Ahnung".

Der einzige, der überhaupt jemals mit einem RCFP-Paket gearbeitet hatte, war ein ehemaliger Erprobungslehrer.

Es kann unter Vorbehalt gesagt werden: das RCFP hat die Lehrer weder während der Ausbildung an den Hochschulen noch in der Schulpraxis erreichen können. Der Kürzel 'RCFP' weist bei Lehrern weder auf Geographisches hin noch wirkt er Interesse-fördernd; es tritt eher das Gegenteil ein.

Isolierte Fakten können jedoch m.E. nicht den Widerspruch zwischen dem jahrelangen breiten Interesse einerseits und dem überraschenden Desinteresse der Lehrer andererseits und damit der Schulpraxis schlechthin erklären. Dieser ist wohl nur aus dem Gesamtzusammenhang zwischen fachdidaktischen, gesellschaftlichen und schulpraktischen Determinanten zu erklären.

Fachdidaktische Aspekte

1. Die erste Phase des RCFP fällt in eine Zeit der Lernziel-euphorie der frühen 70er Jahre. Das RCFP hat sich in diese Entwicklung tief verstrickt und mit dem Herausstellen einer zusätzlichen Begrifflichkeit (Regulative und Operative Ziele) einen eigenen Beitrag dazu geleistet. Die Idee von ableitbaren Hauptzielen, denen die Inhalte quasi beliebig zugeordnet werden können, trägt ursprünglich maßgebend den Ansatz des RCFP. Der Zusammenbruch der Lernzielhoffnungen entzog dem RCFP die es verbindende Klammer. Fortan wurden die Inhalte der Einzelprojekte pragmatisch und nach Zufalls-kriterien bestimmt.

2. Das RCFP entspricht nicht einem inhaltlich bündigen und di-daktisch geschlossenen Curriculum. Die veröffentlichten wie auch die veröffentlichungsfähigen Projekte reflektieren die Heterogenität des Geographieverständnisses in der Bundes-

republik Deutschland. Dieser Umstand schwächt die Innovationskraft des Gesamtprojekts erheblich.

3. Der sozialgeographische Ansatz, der das HSGP maßgeblich prägt und auf dem Transferweg auch im RCFP einen hohen Stellenwert erreichte, ist in den USA in eine ernsthafte Krise geraten. Es bleibt zu fragen, ob trotz ihrer guten Position unterschwellig Vorbehalte gegen die Sozialgeographie bestehen, die hier eine ähnliche Entwicklung wie in Amerika einleiten.

Gesellschaftliche Aspekte

Die Reformfreude der 70er Jahre hat in der Geographie zwar Entwicklungen in vielfältiger Richtung begünstigt, nicht aber zu einem neuen Curriculum geführt. Die augenblicklichen gesellschaftlichen Rahmenbedingungen sind eher pragmatisch, konservativ, mit starken resignativen Zügen. In diesem Klima sind innovative Impulse zur Weiterentwicklung des Curriculums nicht zu erwarten.

Schulpraktische Aspekte

1. Die Mitarbeiter des RCFP stellten eine innovationsfreudige Gruppe von Geographen aus Hochschule, Schulpraxis und Ausbildungsbereich dar. Sie trafen auf eine weitere Gruppe interessierter Erprobungslehrer. Diese Situation suggerierte fälschlicherweise eine reformfreudige und innovationsfreudige Schulsituation.

2. Es gibt im nichtgymnasialen Bereich einen weitverbreiteten Typ des Erdkundelehrers, der aufgrund seiner fachlichen und didaktischen Kenntnisse nicht dem Idealtypus des universitär ausgebildeten Geographie-Fachmannes entspricht. Diesen Lehrertypus erreichen Innovationen nicht.

3. Die RCFP-Unterrichtspakete sind in ihrer inhaltlichen, materiellen und methodischen Perfektion derart anspruchsvoll, daß ein Lehrer vor ihrem Ersteinsatz eine (allerdings einmalige) aufwendige Vorbereitungsarbeit betreiben muß. Bei der der-

zeitigen hohen Belastung sind Lehrer kaum bereit und in der
Lage, dies zu leisten.

4. Die Schuletats sind in den letzten Jahren drastisch gekürzt
worden. Dies fördert die Abkehr von Innovationsbemühen und
die Hinwendung zum klassischen Schülerbuch.

Schlußbemerkungen

Es scheint mir verfrüht, von dem kommerziellen Scheitern des
RCFP auf ein Scheitern des hinter ihm stehenden Innovations-
bemühens zu schließen.

Dieser Optimismus gründet sich einerseits auf die große Perso-
nenzahl, die aktiv oder als Erprobungslehrer am RCFP mitgear-
beitet hat. Dieser Personenkreis ist größtenteils weiterhin an
Schulen, Ausbildungsseminaren oder Hochschulen in der Lehrerausbildung tätig und stellt ein nicht unbeträchtliches Innova-
tionspotential dar.

Zum anderen werden die RCFP-Materialien bereits mannigfach benutzt. Neben den veröffentlichten Paketen spielen die zwar fertigen, jedoch nicht mehr zur Veröffentlichung gelangten Materialien wegen ihrer Anonymität, aber auch wegen ihrer größeren
Zahl und der damit verbundenen Vielfalt eine nicht zu unter-
schätzende Rolle in der Lehrerausbildung und haben auch schon
manchem Referendar zu einem Prädikatsexamen verholfen - dies
zur stillen Befriedigung der frustrierten Autoren.

Der wesentliche Aspekt scheint mir die triviale Tatsache zu
sein, daß das RCFP überhaupt geboren wurde und existiert hat.
Es ist bekannt, welch lange Zeitabläufe es braucht, ehe sich
Innovationen durchsetzen. Daran gemessen, hatte das RCFP, dessen
offizielle Unterrichtspakete abgesehen von einer Ausnahme erst
seit zwei bis drei Jahren verfügbar sind, noch gar keine Chance;
die ungünstige Entwicklung der ökonomischen und gesellschaftlichen Rahmenbedingungen kommen erschwerend hinzu.

Es besteht durchaus Anlaß zu der Vermutung, daß der Relevanzverlust der Schulerdkunde dann eine Tendenzwende erfährt, wenn

sich auf breiterer Ebene die Erkenntnis durchsetzt, daß angesichts so drängender und akuter Probleme wie beispielsweise:
die Gefährdung unserer Umwelt u.a. durch sauren Regen, die in
den nächsten Jahren zu erwartende "hausgemachte" Klimaverände-
rung mit ihren unabsehbaren Folgen, der Nord-Süd-Konflikt, die
Ausländerproblematik u.v.a.m. kein Schulfach so geeignet ist
wie die Geographie, die jungen Menschen auf die Bewältigung
dieser ihrer zukünftigen Lebenssituation vorzubereiten.

Unter geänderten ökonomischen und gesellschaftlichen Rahmenbedingungen könnte das RCFP dann Modellcharakter für einen
Neubeginn haben.

Literatur

ENGEL, J. (1969)   : Das Verhältnis von Social Studies
                                      und Erdkunde in den Schulen der
                                      USA. In: Die Deutsche Schule

ENGEL, J. (1974)   : G.Cassube,J.Engel,G.Hoffmann,
                                      P.Otto (Hrsg): Beiträge der Geo-
                                      graphie zum Sachunterricht in der
                                      Primarstufe, Beiheft GR I,
                                      Braunschweig

ENGEL, J. (Hrsg) (1976)   : Von der Erdkunde zur Raumwissen-
                                      schaftlichen Bildung, Bad Heil-
                                      brunn/Obb.

ENGEL, J. (1976)   : Das High School Geography Pro-
                                      ject - ein Modell für ein deut-
                                      sches Forschungsprojekt. In:
                                      Engel(Hrsg): Von der Erdkunde zur
                                      Raumwissenschaftlichen Bildung,
                                      Bad Heilbrunn/Obb.

ENGEL, J. (Hrsg) (1979)   : 12 x Geographieunterricht - Raum-
                                      wissenschaftliche Bildung in
                                      Unterrichtsbeispielen, Bad Heil-
                                      brunn/Obb.

ENGEL,J.; STRÜMPLER,H.;   : Tabi Engbe will nicht Bauer wer-
UNGER,W.   den, RCFP-Unterrichtsprojekt für
                                      Klassen 5-6, Westermann Verlag,
                                      Braunschweig

Fachbereich Geographie der   : Rundbrief Nr. 50/April 1982
Universität Marburg(Hrsg)   (Darin enthalten der zitierte
              (1982)   Aufruf von H.Hagedorn, C.Rathjens,
                                      G.Sandner und E.Wirth), Marburg

FRANZ,S.; HACKER,G.;   : Im Flughafenstreit dreht sich der
KREIBICH,B.   Wind, RCFP-Unterrichtsprojekt für
                                      Klassen 9-11, Westermann Verlag,
                                      Braunschweig

FÜRSTENBERG,M.;   (1980)   : Evaluation und Revision der RCFP-
JUNGFER,H.   Unterrichtseinheiten.
                                      Der Erdkundeunterricht H. 34,
                                      Stuttgart

GAEBE,W.; HOFMEISTER,W.   : Welchen Weg nimmt Reblingen?
                                      RCFP-Unterrichtsprojekt für die
                                      Sekundarstufe II, Klett Verlag,
                                      Stuttgart

GEIPEL,R. (1974)   : Zielsetzungen und Schwerpunkte des
                                      Raumwissenschaftlichen Curriculum-
                                      Forschungsprojekts in: RCFP(Hrsg)
                                      Materialien zu einer neuen Didak-
                                      tik der Geographie, Heft 1,
                                      München

HAUBRICH,H.; KOCH,B.;
KOLLER,R.; NOLZEN,H.;
PRAGER,H.

: Tatort Rhein
RCFP-Unterrichtsprojekt für
Klasen 9/10, Westermann Verlag,
Braunschweig

JANDER,L.; SCHRAMKE,W.;
WENZEL,H.-J.   (1982)

: Raumwissenschaftliches Curriculum
Forschungsprojekt (RCFP). In:
L.Jander, W.Schramke, H.-J.Wenzel
(Hrsg): Metzler Handbuch für den
Geographieunterricht, Stuttgart

JANSEN,U.; LÜTJENS,J.;
NUHN,H.; PELEIKIS,H.J.;
PETERS,B.; RENNACK,K.;

: Industrie hinterm Deich,
RCFP-Unterrichtsprojekt für
Klassen 9-11, Westermann Verlag,
Braunschweig

MATTHIES,W.; BECK,D.;
GAUSE,K.H.; HENDINGER,H.;
KLEIN,M.

: Der Geltinger Bucht soll geholfen
werden, RCFP-Unterrichtsprojekt
für Klassen 7/8, Westermann Verlag, Braunschweig

NIEMZ,G.; SEIBERT,G.

: Bodenzerstörung und Bodenerhal-
tung, RCFP-Unterrichtsprojekt für
Klassen 7-8, Klett Verlag,
Stuttgart

RCFP (Hrsg) (1974)

: Materialien zu einer neuen Didaktik der Geographie, Heft 1,
München

RCFP (Hrsg) (1975)

: Materialien zu einer neuen Didak-
tik der Geographie, Heft 2
S.Franz, G.Hacker, I.Hödl, J.Hödl,
B.Kreibich, W.Kobras: Im Flug-
hafenstreit dreht sich der Wind
(Erprobungsfassung), München

RCFP (Hrsg) (1976)

: Materialien zu einer neuen Didaktik der Geographie, Heft 3
Probleme und Verfahren der Curri-
culumentwicklung im RCFP, München

RCFP (Hrsg) (1976)

: Materialien zu einer neuen Didak-
tik der Geographie, Heft 4
J.Engel, H.Strümpler, W.Unter:
Tabi Egbe will nicht Bauer werden
(Erprobungsfassung), München

RCFP (Hrsg) (1977)

: Materialien zu einer neuen Didak-
tik der Geographie, Heft 5
H.Haubrich, B.Hoch, R.Keller,
H.Nolzen, H.Prager: Tatort Rhein
(Erprobungsfassung), München

RDVP (Hrsg) (1977)

: Materialien zu einer neuen Didaktik der Geographie, Heft 6
H.Jungfer: Standortprobleme der
Verkehrsinfrastruktur im Geographieunterricht, München

RCFP (Hrsg) (1977)   : Materialien zu einer neuen Didak-
                       tik der Geographie, Heft 7
                       D.Beck, K.H.Gause, H.Hendinger,
                       M.Klein, W.Matthies: Der Geltinger
                       Bucht soll geholfen werden (Erpro-
                       bungsfassung), München

RCFP (Hrsg) (1977)   : Materialien zu einer neuen Didak-
                       tik der Geographie, Heft 8
                       G.Niemz, G.Seibert: Bodenzerstö-
                       rung und Bodenerhaltung (Erpro-
                       bungsfassung), München

RCFP (Hrsg) (1977)   : Materialien zu einer neuen Didak-
                       tik der Geographie, Heft 9
                       J.Deiters, E.Wäldin: Brand in
                       Tannenweiler (Erprobungsfassung),
                       München

RCFP (Hrsg) (1977)   : Materialien zu einer neuen Didak-
                       tik der Geographie, Heft 10
                       E.Kroß, H.Müller, H.-H.Hild:
                       Indios in Peru - Menschen am
                       Rande der Gesellschaft (Erpro-
                       bungsfassung), München

RCFP (Hrsg) (1978)   : Materialien zu einer neuen Didak-
                       tik der Geographie, Heft 11
                       H.Birkenfeld, R.Geipel, H.Jungfer:
                       Gastarbeiterkinder in einer deut-
                       schen Großstadt (Erprobungsfas-
                       sung), München

RCFP (Hrsg) (1978)   : Materialien zu einer neuen Didak-
                       tik der Geographie, Heft 12
                       K.de Fries, F.-J.Kemper, D.Koch,
                       Ch.Leusmann, K.A.Mick, H.Monheim,
                       G.Paul: Innerstädtische Mobilität
                       (Erprobungsfassung), München

RCFP (Hrsg) (1978)   : M.Fürstenberg, H.Jungfer: Das
                       Raumwissenschaftliche Curriculum-
                       Forschungsprojekt - Erfahrungen
                       und Ergebnisse der Entwicklungs-
                       phase 1973-1976, Braunschweig

WIRTSCHAFTSGEOGRAPHIE IM UNTERRICHT

ZUR KRITIK EINES TRADITIONELLEN THEMENBEREICHES

Von Egbert Daum

> Und immer wieder schickt ihr mir Briefe,
> in denen ihr, dick unterstrichen, schreibt:
> "Herr Kästner, wo bleibt das Positive?"
> Ja, weiß der Teufel, wo das bleibt!
>
> Erich Kästner (1930)

Von jeher erfreuen sich wirtschaftsgeographische Themen und
Sichtweisen größter Beliebtheit im Erdkundeunterricht, sie
rangieren eindeutig vor anderen Themen und Fragestellungen.
Das kann nicht weiter verwundern, denn: "Wirtschaft gibt es
überall, wo Menschen leben" (SCHMIDT 1976, S. 105). Unter dem
Eindruck von so viel Dominanz wurde zeitweilig allerdings eine
"Verwirtschaftlichung" der Schulgeographie beklagt und sogar
eine angeblich damit einhergehende "Verwirtschaftlichung unserer Denk- und Lebensbereiche" befürchtet (vgl. hierzu VÖLKEL
1961, KREUZER 1970, S. 110 f.) - doch so, als könnte schon die
Erörterung lebens- und überlebenswichtiger Fragen lebensge-
fährlich sein. Neben der Dominanz sticht vor allem die Kontinuität von wirtschaftsgeographischen Themen, ja ganzer Themenblöcke ins Auge, die offenbar jedwede Reformdiskussion unverändert überdauern können. Hierzu zählen insbesondere Mensch/
Natur-Relationen in etlichen exotischen Varianten, z.B. Wirt-
schafts- und Lebensformen von Eskimos, Almbauern und Pygmäen
(vgl. ausführlicher DAUM/SCHMIDT-WULFFEN 1980, S. 63-83).

Ungebrochene Dominanz und weitgehende Kontinuität eines bestimmten, hier eines wirtschaftsgeographisch ausgewiesenen
Interesses sollten freilich hellhörig machen in bezug auf Herkunft, Gültigkeit und Zweckmäßigkeit der zugrundeliegenden
Vorstellungen und Denkweisen. Wenn es im folgenden darum geht,
die Bedeutung von Wirtschaftsgeographie für den Geographieunterricht kritisch unter die Lupe zu nehmen, so soll dabei
vor allem geklärt werden, welchen Stellenwert das Räumliche
im Verhältnis zur Wirtschaft, aber auch zu einer durch und
durch wirtschaftsbestimmten Gesellschaft und Politik besitzt.

1. Erbstücke: Produktenkunde und Wirtschaftsraumillusion

In ihren Anfängen, in der zweiten Hälfte des vorigen Jahrhunderts, war die Wirtschaftsgeographie vorwiegend produkten- und handelskundlich orientiert. Gesammelt und systematisiert wurden Fakten über die Verbreitung einzelner landwirtschaftlicher und bergbaulicher Rohstoffe sowie über die Austauschbeziehungen von Welthandelsgütern (vgl. SCHÄTZL 1978, S. 10, BARTELS 1980, S. 49). Auf dem Hintergrund der Industrialisierung Europas, der kolonialen Welteroberung und der Ausweitung des Welthandels entsprach die Produkten- und Handelskunde durchaus einem lebhaften Informationsbedürfnis. Die Bereitstellung systematisch kompilierter Daten wurde von den Kolonialmächten als entscheidend angesehen, und zwar im Hinblick auf die Ausdehnung von Investitionen und die Kontrolle begehrter Welthandelsgüter (vgl. LEE 1981, S. 92).

Neben der unmittelbar lebenspraktischen Bedeutung, die sie nie wieder erreichte, muß die bis heute nachhaltig ungünstige Wirkung von Produktenkunde und Produktionsstatistik auf Denk- und Arbeitsweisen im Geographieunterricht hervorgehoben werden. Als typisch kann wohl die Klage eines Erwachsenen gelten, der sich an seine Schulzeit erinnert: "Wieviel Weizen Argentinien 1953 ausgeführt hat, das sollten wir auswendig lernen. Da hab ich mich geweigert" (KEMPOWSKI 1976, S. 136). Zu leicht gerät der Rückzug auf Abfragbares, angeblich "Grundlegendes" und "Handfestes", zum Selbstzweck, der noch durch die Vorliebe für "operationalisierte", d.h. auf atomisierende Fakten abhebende Lernziele bestärkt wird. In diesen Zusammenhang gehört auch die von ERNST (1972) eigens erfundene ("das Basiswissen betonende") "affirmative" Lernzielkategorie.

Die Überbetonung der Produktenkunde zählt nach FRIESE (1974, S. 12) zu den "Hauptschwächen des herkömmlichen wirtschaftsgeographischen Unterrichts". Dagegen spricht sich FICK (1975, S. 207 ff.) für die Beibehaltung einer produktenkundlichen Orientierung aus, indem er die Verwendung einschlägiger Warenkunden im Unterricht empfiehlt. Als Informationsgrundlage und auch als Nachschlagewerk für den Schüler sollen Warenkunden "wichtige Informationen über die Produktion, den Handel und den Vertrieb von Gütern" vermitteln sowie zugleich über "eine Vielfalt beruflicher Aktionen und über die für einen geordneten Markt erforderlichen Rechts- und Verwaltungsmaßnahmen" unterrichten. Wo hier die Prioritäten liegen, ist eindeutig: "Auskunft über die natürlichen und technischen Voraussetzungen beim Anbau der einzelnen Produkte ... i n   g ü n s t i g e n   F ä l l e n   a u c h   ü b e r   d i e   g e s e l l -   s c h a f t l i c h e n   B e d i n g u n g e n   und Folgen der Produktion ..." (Hervorhebung E.D.). So wird der Schüler in eine Berufswelt eingeführt, für die der Überblick über die einzelnen Warengruppen und Kenntnisse der Produktionsstatistik u.U. von weitreichender Bedeutung sein mögen, die ihn aber kaum - wie beansprucht - das "komplizierte Zusammenspiel der Kräfte" durchschauen läßt. Der arbeitende Mensch in seiner Sozialgebundenheit gerät bei dieser Sicht der Dinge so gut wie gar nicht in den Blick.

Disziplingeschichtlich gesehen greifen erste Ansätze der Erklärung der unterschiedlichen Verteilung von Gütern auf Mensch/ Natur-Relationen zurück, die zunächst deterministisch interpretiert werden. Der Determinismus bleibt lange erhalten, er verlegte sich dann auch auf das Ökonomische. Beide Male haben wir es mit einem "a-sozialen" Erbe zu tun (vgl. LEE a.a.O.), das die Entfaltung einer wissenschaftstheoretischen Perspektive, die sich auf Gesellschaft und Politik richtet, bis heute erheblich beeinträchtigt hat.

Unter dem deterministischen Einfluß entwickelte sich, was den Geographieunterricht betrifft, "eine statische, problemverdeckende Betrachtungsweise" (FRIESE 1974, S. 12). Neben der Monomanie des Naturdeterminismus, der zwar nicht mehr offen propagiert wird, aber dafür heimlich um so nachhaltiger das "geographische Denken" beeinflußt, kann auch noch die nachfolgende Phase possibilistischer Wechselwirkungsprinzipien an den Lehrplänen und Erdkundebüchern der Gegenwart abgelesen werden (vgl. BARTELS 1980, S. 48). Freilich tragen Wechselwirkungsthesen so gut wie gar nichts zur Erklärung von wirtschaftlichen Zusammenhängen bei. Wenn alles mit allem zusammenhängt, wird zwar die monokausale Betrachtungsweise durchbrochen, der Determinismus aber zeigt sich häufig nur in einer milderen Form.

Besonders eine speziell deutsche Spielart von Geographie, die
Landschaftskunde, hat durch ihren dominierenden Einfluß die weitere Entwicklung einer stärker sozialwissenschaftlichen Orientierung der Wirtschaftsgeographie mit entsprechender Theoriebildung deutlich behindert (vgl. BARTELS a.a.O.). Kennzeichnend
hierfür ist die Vorstellung vom "Wirtschaftsraum" als einem
individuellen, durch wirtschaftliche Leistungen und Tätigkeiten
"irgendwie" gestalteten Teilbereich der Erdoberfläche. Ontolo-
gische Fixierungen sind insofern erkenntnisleitend, als Abgren-
zungen von "Wirtschaftsräumen" nach dem Prinzip der Gleich-
mäßigkeit charakteristischer "Wesens"-Merkmale vorgenommen
werden sollen. Unter Betonung der Einheitlichkeit eines physio-
gnomisch wahrnehmbaren landschaftlichen Gesamtbildes wie auch
unter typisierenden Gesichtspunkten ist ferner versucht worden,
ganze "Wirtschaftslandschaften", vor allem Agrar-, Bergbau-
und Industrielandschaften, zu erfassen. Nach BARTELS (a.a.O.)
liegen solchen Bemühungen "unklar gefaßte physiognomisch-ökolo-
gische Wechselwirkungssysteme" zugrunde, die fast immer nur
über gewisse Harmonie- bzw. Ordnungsvorstellungen interpretiert
worden sind. Unberührt von solcher Kritik, hält wohl ein nicht
unbeträchtlicher Teil der Wirtschaftsgeographen am "Wirtschaftsraum" als "zentralem Forschungsobjekt" fest (so z.B. WAGNER
1981, S. 14 f. u. 183 f. oder VOPPEL 1975, S. 62 ff.). Indessen
ist die volkstümliche Vorstellung von "Wirtschaftsräumen",
nachzulesen etwa in der Brockhaus-Enzyklopädie, weit weniger
diffus angelegt als die der Geographen. Demnach handelt es sich
um "Räume, die keinem Wohnzweck dienen, z.B. Arbeits- und Vor-
ratsräume, Backstuben, Räucherkammern, Futterküchen, Ställe und
Scheunen".

Die Illusion "wirtschaftsräumlicher" Ordnungen und Gliederungen
wirkt auch in der Schulgeographie nach. Harmonievorstellungen
und Konfliktvermeidung sind vorherrschend in der hauptsächlich
beschreibenden Darstellung oberflächlicher Erscheinungen. Bezogen auf die Industriegeographie z.B. als einen Zweig der Wirtschaftsgeographie, stellt KROSS (1979, S. 162) fest, daß Schul-
buchdarstellungen bisher vor allem "außerindustrielle Standort-
wirkungen und gesamtgesellschaftliche Aspekte der Industrie-
wirtschaft vernachlässigen. Insofern spiegeln die Schulbücher

weitgehend den deskriptiven Ansatz der traditionellen Industriegeographie."

2. Das Räumliche als Fetisch

Zum Raum - vielfach als "ureigene" Domäne der Geographie angesehen - haben viele Fachvertreter ein ambivalentes Verhältnis
entwickelt. Einerseits können Räume und räumliche "Differen-
zierungen" absolut im Mittelpunkt des fachlichen Interesses
stehen; andererseits kann es vorkommen, daß das Räumliche
geradezu wie ein von schlimmer Krankheit Befallener gemieden
wird und andersartigen Erkenntnissen Platz macht.

Bereits die diffusen Vorstellungen von "Wirtschaftsraum" und
"Wirtschaftslandschaft" verdeutlichen die eine Seite dieses
Trends, der Räume verabsolutiert und sie zu Wesenheiten hoch-
stilisiert. Doch auch das neuere, aufgeklärter wirkende Para-
digma des "spatial approach" - hierzulande unter dem Begriff
"Wirtschafts- und Sozialgeographie" bzw. als choristisch-
chorologischer Ansatz exemplifiziert (siehe BARTELS 1970,
1980) - ist nicht frei von übertriebenen, die tatsächlichen
Probleme verzerrenden und zudeckenden Bindungen an das Räumliche, obwohl Raum jetzt nicht mehr hermeneutisch gedeutet,
sondern verstanden wird als "ein zweidimensionales Modell der
Erdoberfläche, in dem Standorte mit ihren Flächenqualitäten
und -ansprüchen sowie Distanzen zwischen ihnen beschrieben
werden können" (BARTELS/HARD 1975, S. 77). Die Fortschrittlich-
keit dieses Ansatzes beginnt freilich immer mehr zu verblassen,
indem er sich zunehmender Kritik ausgesetzt sieht. Beanstandet
wird vor allem der zugrundeliegende restriktive Erfahrungsbe-
griff (vgl. STRASSEL 1982, S. 32) sowie die Verengung der räumlichen Perspektive auf eine ziemlich schmale Bandbreite von
Fakten, die auf den Rahmen dieser "zweidimensionalen" Raum-
theorie zugeschnitten sind. Das Erkennen wird auf fetischi-
sierte, (im definierten Sinne) räumlich fixierte Realitätsaus-
schnitte begrenzt. Es ist höchst zweifelhaft, ob solcherart
wissenschaftliche Fragestellungen einen gehaltvollen Beitrag
zur Erfassung, geschweige denn zur Lösung brennender realwelt-
licher Probleme wie z.B. Wohnungsnot und Arbeitslosigkeit,
Armut und Kriegsgefahr leisten können.

Das Räumliche als Fetisch wird offenbar aber auch dann nicht
überwunden, wenn die großen Probleme unserer Zeit anscheinend
direkt in den Blick genommen werden, wie dies die neuen, aus
Amerika zu uns kommenden Richtungen einer "humanistischen" bzw.
"radikalen" Geographie vorgeben zu tun (siehe z.B. PEET 1977,
LEY/SAMUELS 1978). Verdeutlicht sei dies am Beispiel von Zentrum
und Peripherie, einem Denkmodell, das Gegensätze und gegensei-
tige Abhängigkeiten einer entwickelten und einer unterentwickel-
ten Welt beschreibt (vgl. im folgenden SMITH 1979, S. 376).
Wenn nun aus einer "radikaleren" Ecke heraus bemerkt wird, die
räumlichen Beziehungen dieses Modells spiegelten die sozialen
Beziehungen wider, so zeigt sich darin zu allererst ein Ausein-
anderdividieren von Raum und Gesellschaft. Das Räumliche erhält
so wiederum den unangemessenen Status gleichsam ontologischer
Autonomie.

Es sollte beachtet werden: Räumliche Beziehungen spiegeln soziale Beziehungen nicht einfach wider; sie sind als Beziehungen
auch nicht in sinnvoller Weise unterscheidbar, sondern praktisch zwei Seiten ein und derselben Medaille. Räumliche Beziehungen dieser Art sind ohne gesellschaftliche Beziehungen nicht
denkbar und umgekehrt.

In der Schulgeographie wird hierzulande neuerdings ein räumlicher Fetischismus gepflegt, der ungute geopolitische Erinnerungen wach werden läßt. Statt von gesellschaftlich-räumlichen
Disparitäten zu reden, entfalten gleich zwei neue Schulbuch-
werke das Konzept von "Kernräumen" und "Ergänzungsräumen" -
doch so, als seien für immer die einen die Herren der Welt und
die anderen deren Diener (siehe "Blickpunkt Welt" und "Unser
Planet"). Solcherart Kurzsichtigkeit erklärt sich aus dem
typisch geographischen Interesse an exklusiv bzw. vorherrschend
räumlichen Manifestationen. Dieses Interesse läuft immer Gefahr,
wirtschaftliche, gesellschaftliche, politische oder auch
ethische Aspekte völlig auszublenden. Selbst tiefgreifender,
räumlich sichtbarer Wandel kann dann noch unterkühlt sachlich
beschrieben werden (HAUBRICH u.a. 1977, S. 54; siehe hierzu
auch die eindrucksvolle Visualisierung): "Dynamische Gruppen
greifen in ihren Aktivitäten häufig über ihren Lebensraum
hinaus und tragen Innovationen in die Lebensräume stagnierender

Gruppen (z.B. Innovationen durch Entwicklungshilfe...)." Nach
diesem vorgegebenen Muster ließen sich z.B. auch militärische
Auseinandersetzungen, insbesondere Eroberungskriege, in ein
harmloses Mäntelchen hüllen (vgl. demgegenüber die differen-
ziertere Sichtweise von ENGEL (1982) über Grenzen und Minoritäten).

Als Fazit bleibt festzuhalten, daß die Geographie trotz Adap-
tierungsbemühungen um unterschiedlichste, teils reputierlich
anmutende Sichtweisen immer wieder in die gewohnte Bequemlich-
keit der Fixierung auf das Räumliche zurückfällt. Gegen die
vielen vergeblichen Versuche, die Realität und Problemhaltig-
keit von Gesellschaft und Wirtschaft durch Raumwissenschaft
angemessen einzufangen, hilft offenbar nur die konsequente
Umkehrung, nämlich Raumwissenschaft als Gesellschaftswissen-
schaft zu betreiben (vgl. hierzu ausführlicher EISEL 1982).

3. Der Rückzug auf das Technische

Auf dem Hintergrund des bisher gewonnenen Bildes mag nun die
förmliche Flucht vor dem Räumlichen zunächst paradox erscheinen.
Schon bei einer raschen Durchsicht der gebräuchlichsten neueren
Schulbücher für den Geographieunterricht fällt auf, daß der
räumliche Bezug gelegentlich zugunsten breiter Ausführungen zu
technischen Sachverhalten aufgegeben wird. Die folgenden Beispiele, die dies verdeutlichen, stellen nicht nur eine Kritik
an dem jeweiligen Schulbuch dar, sondern auch an weitverbreiteten Tendenzen in der Geographiedidaktik und in der Praxis des
Faches.

- In schematischer Darstellung, gleichwohl gespickt mit vielen
  Einzelheiten, müssen Schüler den Ablauf der Stahl- und Eisen-
  erzeugung lernen (z.B. Seydlitz, Probleme der Gegenwart,
  Hirt, 5./6. Schuljahr, S. 83).

- Der Weg des Fisches wird vom Fangschiff über die Auktions-
  halle, die Konservenfabrik, das Fachgeschäft bis hin zum Ver-
  braucher verfolgt; die Nebenproduktion von Fischmehl wird
  nicht vergessen (z.B. Schäfer, Weltkunde, Schöningh, 5. Schuljahr, S. III, 12).

- Fein säuberlich werden die einzelnen Schiffstypen sowohl der
  See- wie der Binnenschiffahrt auseinandergehalten (z.B. Dreimal um die Erde, Schroedel, Band 1, S. 32 bzw. 138).

- Mit dem Anspruch eines "operativen" Unterrichts ausgestattet
  (vgl. SCHULTZE 1976 a), S. 225), muß sich der Schüler in die
  Technologie von vier verschiedenen Löschverfahren vertiefen
  (Geographie, Klett, 5./6. Schuljahr, S. 16 f.).

- Akribisch ist der Produktionsgang des Zuckers von der Rübe
  bis zu Trockenschnitzel, Scheideschlamm, Melasse und Weiß-
  zucker zu verfolgen (Welt und Umwelt, Westermann, 5./6. Schuljahr, S. 95).

- Schaubilder verdeutlichen die Arbeitsweise eines Atomkraft-
  werkes anhand von 73 Details, die zum Teil (z.B."Steuerstab-
  antriebe") ingenieurwissenschaftliche Spezialitäten darstellen
  (Geographie, Klett, 9./10. Schuljahr, S. 184 f.).

Bei den genannten, beliebig vermehrbaren Beispielen handelt es
sich ausschließlich um Sachverhalte (Förderung, Transport, Her-
stellung, Verarbeitung usw.), die "normalerweise" nicht in das
Fachgebiet Geographie fallen. Sie gehören zu einer Reihe nicht-
räumlicher Themenkomplexe, die dennoch im Erdkundeunterricht
eine nicht gerade untergeordnete Rolle spielen: Geologie, Völ-
kerkunde, Entdeckungsgeschichte, Astronomie und sogar Astronau-
tik (vgl. SCHMIDT 1976, S. 120 ff.). Während diese Themen durchaus noch starke Affinitäten zum Räumlichen besitzen, fragt sich,
weshalb ausgerechnet technische Lerninhalte im Erdkundeunterricht eine so gewichtige Position einnehmen konnten.

Der Fluchtgedanke spielt insofern eine Rolle, als es oft große
Schwierigkeiten bereitet, das spezifische Räumliche ausfindig
zu machen: "Man arbeitet oft zu wenig das eigentlich Erdkundliche heraus. Der Erdkundeunterricht ist in vielen Fällen eine
Kuriositätensammlung aus der Welt, eine Anhäufung von hetero-
genen Stoffen, oft von topographischen, statistischen, verbalen
Daten, von Orientierungswissen, ganz besonders von Atlas- und
Kartenwissen, aber das Erdkundliche fehlt, das Zentrierende,
das Fachspezifische" (SCHMIDT 1965, S. 145).

Warum aber richtet sich das Erkenntnisinteresse so eindeutig auf Technisches und nicht auf Soziales oder Politisches? Weshalb wird der Fischfang in allen technischen Einzelheiten dargestellt, mit keinem Wort aber die Problematik der Fischereizonen und der Überfischung? Weshalb erfährt der Schüler nichts über Arbeitsplatzbedingungen oder Rationalisierungseffekte im Zusammenhang mit der Anwendung neuer Technologien? Sicherlich hängt dieses Defizit mit der Konfliktscheu der Geographie in bezug auf gesellschaftlich-politisches Lernen zusammen (vgl. SCHRAND 1978, S. 339). Hinzu kommt: Nicht von ungefähr stammen die meisten der genannten Beispiele aus der Klassenstufe 5/6. Dahinter verbirgt sich ein unreflektiertes entwicklungspsychologisches Verständnis, das "Komplexes" und Problemhaftes eher den älteren Schülern zuweist. Diese Auffassung verkennt jedoch die Sozialisationsbedingungen der heute Heranwachsenden, die von kleinauf eben nicht (mehr) in einer "heilen", nur behüteten Welt groß werden (vgl. DAUM/SCHMIDT-WULFFEN 1980, S. 91 f.).

Im Zusammenhang mit dem Atomkraft-Beispiel kommt der Verdacht auf, daß die Fähigkeit der politischen Urteilsbildung nicht eher zum Zuge kommt, als alle technischen Details zur Kenntnis genommen worden sind. Leicht übersehen wird dabei, daß in einem Lernprozeß, der die Aufmerksamkeit der Schüler zuerst auf die vollendete Faktizität von Atomkraftwerken lenkt, das Bewußtsein technologisch besetzt wird. Die politisch-gesellschaftliche Dimension kann somit rasch aus dem Blickfeld rücken oder gar nicht erst hineingeraten. Zu überwinden ist dieses Defizit durch die Konzentration auf soziale und politische Problemgesichtspunkte sowie durch die bewußte Forderung eines emanzipatorischen Erkenntnisinteresses (vgl. hierzu HABERMAS 1968). Übrigens zeigt sich die Wertlosigkeit manch technischen Wissens darin, daß Schulbücher immer wieder veraltete, längst abgeschaffte Technologien (z.B. der Stahlerzeugung oder des Fischfangs) noch jahrelang den Schülern als neuesten Stand vor Augen halten.

4. Wirtschaftswunderlandschaft und Funktionsgesellschaft

Wie das Räumliche als Fluchtmotiv und Fetisch zugleich fungieren
kann, läßt sich an der Sozialgeographie Münchner Prägung immer
wieder ablesen (RUPPERT/SCHAFFER 1976, MAIER u.a. 1977). Poin-
tiert ausgedrückt, wird seitens dieser Schule zunächst mit den
Daseinsgrundfunktionen und ihrer Einbettung in eine funktionale
Denkweise ein ungeographischer, freilich gleichermaßen unergie-
biger wie trivialer Rahmen gesellschaftlich-politischer Sinnge-
bung aufgebaut. Sodann, wenn festgestellt worden ist, daß wir
nun einmal in einer Funktionsgesellschaft leben (müssen), wird
Gelegenheit geboten, sich um so intensiver auf Gewohntes zu
konzentrieren, beispielsweise auf die "empirische" Erfassung
räumlicher "Indikatoren". Denn auf wunderbare Art und Weise
kann man jeder Funktion "entsprechende" Zweige eines altbe-
kannten geographischen Stammbaums zuordnen (vgl. RUPPERT/
SCHAFFER 1976, S. 233). Demnach führen z.B. die Funktionen
"Arbeiten" und "Sich versorgen und konsumieren" direkt zur
Wirtschafts-, Handels- und Marktgeographie herkömmlicher Prägung.

Da sich die Kritik an der Münchner Sozialgeographie in letzter
Zeit vermehrt (z.B. LENG 1973, RHODE-JÜCHTERN 1976, WIRTH 1977,
WENZEL 1979 und 1982, HARD 1979, DAUM/SCHMIDT-WULFFEN 1980,
STRASSEL 1982), muß es hier genügen, auf einige wenige Gesichtspunkte näher einzugehen, die vor allem im Hinblick auf den
Siegeszug dieses Ansatzes in Richtlinien, Schulbüchern und
Unterrichtsliteratur zu beachten sind. Der Rückgriff auf Funk-
tionen, der sich bis in die Didaktik des (geographisch akzen-
tuierten) Sachunterrichts der Grundschule fortsetzt, hat zur
Ausweisung geschlossener Themenblöcke geführt, die sich vorwiegend nur einer Funktion widmen. Zumeist wird dadurch un-
sichtbar, wie das eine mit dem anderen zusammenhängt - gleich-
gültig, ob es sich um Arbeit, Konsum, Wohnung, Bildung und
Erholung handelt. Bliebe es jedoch bei der Feststellung eines
Allzusammenhanges, wäre noch nicht viel gewonnen; notwendig
ist eine theoriegeleitete Erklärung solcherart Zusammenhänge.

Beispielsweise könnte es aus wirtschaftsgeographischer Sicht
naheliegen, den Produktionsverhältnissen und Arbeitsbedingungen

einen primären Rang bei der Deutung der Lebenszusammenhänge
einzuräumen (vgl. LENG 1973). In dieser Beziehung aber weigern
sich die Vertreter der Münchner Sozialgeographie beharrlich,
auch nur einen Anflug von Theoriebildung zuzulassen; sie erkennen keiner Funktion eine Priorität zu. Ein wirtschaftsgeographischer Unterricht freilich, der Güterarten und technische
Details noch und noch ausbreitet, aber nicht von den Formen
und Zwecken der Arbeit, also auch nicht von Politik reden
dürfte, hätte seine Erziehungsaufgabe gründlich verfehlt.

Hiervon abgesehen, muß danach gefragt werden, ob das Festhalten
an einem funktionalen Leitbild von Gesellschaft, Wirtschaft,
Politik und Planung sich mit den weitreichenden politisch-
emanzipatorischen Zielsetzungen der erneuerten Schulgeographie
vereinbaren läßt. Insbesondere muß bedenklich stimmen, wenn die
Frage nach Herkunft, Anzahl und Veränderung der Funktionen gar
nicht mehr zur Debatte, sondern offensichtlich ein für alle
Male feststeht.

Der Bejahung einer Funktionsgesellschaft werden schwerwiegende
Einwände entgegengebracht. Bereits heute sind vielfältige gesellschaftliche Isolierungen zu beobachten: in engen Wohnsilos
zum Beispiel, in der Anonymität großer Städte, auch durch nerv-
tötende Arbeitsabläufe und Wege zur Arbeit. Menschliche Tätigkeiten und Äußerungen reduzieren sich leicht auf ein paar
Rollenfunktionen in einer Welt, die von vornherein nicht mehr
ist als Warenhaus, Erholungs- und Wirtschaftswunderlandschaft
(vgl. HARD 1979, S. 32). Der einzelne kann sich nur anpassen
und gesellschaftliche Entwicklungen als Schicksal hinnehmen
oder an den Verhältnissen verzweifeln. Ein Schüler, der durch
die Brille einer solchen Sozialgeographie auf eine desolate
Wirklichkeit blickt, wird diese Wirklichkeit (gerade weil er
sich in ihr wiederfindet) bald als unveränderbar gegeben hinnehmen und kaum noch in der Lage sein, eine kritische Sicht zu
entwickeln: "Das so geschaffene Bild des einzelnen und der
Gesellschaft greift alltägliche Erfahrungen auf, die jeder von
uns macht, und erklärt sie zur Normalität, wenn nicht zur
Natur des Menschen und der Gesellschaft" (STRASSEL 1982,
S. 49 f.).

Mit der "Einsicht, daß die Träger der Funktionen und Schöpfer
räumlicher Strukturen letztlich menschliche Gruppen sind"
(RUPPERT/SCHAFFER 1976, S. 232), ist nicht nur lediglich ein
wichtiges Fundament der Münchner Sozialgeographie gelegt, sondern auch die Schwenkung ins Absurde vollzogen. Stärker kann
gesellschaftliche Realität kaum verdrängt werden, indem macht-
lose Betroffenengruppen an der Basis, teils nur sozialstatis-
tisch als "Gruppe" erfaßt, zu den eigentlich einflußreichen,
raumwirksamen Gruppen unserer Gesellschaft umstilisiert werden - "eine geradezu karnevalistisch verkehrte Welt, welche
nun die modernen Schulbücher und Unterrichtseinheiten be-
herrscht" (HARD 1979, S. 32).

Resümierend kann wohl als schwerwiegendster Mangel der Münchner
Sozialgeographie festgehalten werden, daß dieser Ansatz von
sich aus keine Thematisierung von Daseinsproblemen erlaubt,
keine Kontrolle von Interdependenzen und auch keinerlei Aussagen macht etwa über Chancen und Hemmnisse auf dem Wege zu
verbesserten (vielleicht auch räumlich relevanten) Bedingungen
von Arbeit, Wohnung, Freizeit, Verkehr und Bildung. In weiser
Voraussicht, daß jede über das triviale Funktionskonzept
hinausgehende Einlassung brisante Probleme nach sich zieht,
haben die Schöpfer und Träger dieses Ansatzes eine deutliche
Warnung für angebracht gehalten: "Keinesfalls aber kann man die
Sozialgeographie auf die Behandlung sozialpolitischer Notstands-
situationen beschränken" (RUPPERT/SCHAFFER 1976, S. 235).
O wäre doch die Sozialgeographie bei dieser Art von Beschränkt-
heit verblieben!

5. Vorschläge zu einer Neuorientierung

Die Hypothek von Produktenkunde und Wirtschaftsraumillusion,
das Räumliche als Fetisch und die Flucht in das Technische sowie
die an Pantoffeln und Schlafmütze erinnernde Gemütlichkeit
einer funktionalen Sozialgeographie können als schwerwiegende
Probleme eines herkömmlichen wirtschaftsgeographisch akzen-
tuierten Geographieunterrichts gelten. Welche Perspektive läßt
sich aber nun im Blick nach vorn, und zwar im Hinblick auf
einen konstruktiven Beitrag zur Verbesserung der geschilderten
Situation, entwickeln? Angesichts der Diskussionsbedürftigkeit

jederart, so auch dieser Kritik und der nachfolgenden Vorschläge kann es natürlich nicht um eine "endgültige" Konzeption gehen. Vielmehr sollen thesenhaft vorgetragene Anregungen
dazu beitragen, einen Bezugsrahmen für eine mögliche Erneuerung
abzustecken.

Gegen eine "systematische" Wirtschaftsgeographie

Zu Recht wird betont, daß das "klassische System" der Allgemeinen Geographie für den Didaktiker nicht als Richtschnur im
Hinblick auf didaktisch-thematische Entscheidungen geeignet
sei (SCHULTZE 1976 b, S. 140). Denn wie viele Zweige und Ver-
ästelungen der Geographie gibt es eigentlich? Wie viele davon
können oder sollen in der Schule behandelt oder getrost fort-
gelassen werden? Außerdem muß es als höchst zweifelhaft gelten,
sich bei fachdidaktischen Entscheidungen an einer Fachwissenschaft zu orientieren, die ihr methodologisches Selbstver-
ständnis immer (auch) noch aus Selbstdarstellungen in Form
eines urwüchsigen Baumes mit "Zweigen", eines "Gebäudes", in
dem sich Schränke mit Schubladen befinden, bzw. eines ominösen
(womöglich "logischen") "Systems" bezieht.

Ähnliches trifft auf die Wirtschaftsgeographie mit ihren herkömmlichen Untergliederungen in Agrar-, Industrie-, Handels-
und Verkehrsgeographie zu. Solche explizit theorielosen Syste-
matiken mögen allenfalls der Aufrechterhaltung der erwarteten
Ordnung in einer Bibliothek dienen, sie sind aber nicht geeignet, Schülern den Blick für reale lebensweltliche Probleme zu
öffnen. Gleichwohl gab es vor einigen Jahren Bestrebungen, den
Erdkundeunterricht auf die "Säulen" eines hausbackenen Geo-
graphiegebäudes zu stellen (siehe z.B. RICHTER 1976).

Prioritäten: Wirtschaft - Gesellschaft - Politik

Anstatt wie gebannt auf das Räumliche zu starren, wäre es unter
einer dezidiert wirtschaftsgeographisch ausgewiesenen Perspektive an der Zeit, die tatsächlichen ökonomischen Bedingungen
unserer Gesellschaft deutlicher ins Auge zu fassen. Kennzeichnend sind Situationen wie Stagnation, fehlendes Wachstum,
dauerhafte Inflation und zunehmende Arbeitslosigkeit. Mittler-

weile hat sich genügend Zündstoff angesammelt durch Wohnungsnot und Zerstörung von Urbanität, durch die Vergiftung der Landschaft und die Vernichtung naturnaher Ökotope. In diesem Zusammenhang muß darauf hingewiesen werden, wie ungleich Lebensqualität und Sozialchancen "in diesem unserem Lande", in Europa oder auf der Welt verteilt sind (vgl. ausführlicher TAUBMANN 1980, DAUM 1981 a). Nur würde es nicht genügen, räumliche Disparitäten fein säuberlich zu erfassen und zu beschreiben. Vielmehr müssen wirtschaftliche, gesellschaftliche und politische Fragen Vorrang haben, die sich um Ursachen, Auswirkungen und Konsequenzen solcherart Ungleichgewichte kümmern. Ohne Bezug auf wirtschafts- und sozialwissenschaftliche Theoriebildung, die auch konflikttheoretische Gesichtspunkte berücksichtigt, wird freilich kein Fortschritt zu erzielen sein (vgl. BUTZIN 1982, LÜHRING 1982).

Schließlich geht es auch um Geographie als Politische Bildung (SCHRAMKE 1978, DAUM 1982), d.h. um die Ausleuchtung der politischen Handlungsspielräume, die uns verblieben und möglicherweise zur Lösung einiger Konflikte und Mißstände geeignet sind. Ein wirtschaftsgeographischer Unterricht, der diese Dimension vernachlässigte, liefe stets Gefahr, zu einer Geographie der Bestätigung bestehender Verhältnisse, also auch von Leid und Not, zu verkommen. Suggeriert würde ein Begriff von Normalität, der darauf angelegt ist, die Wahrnehmung für abweichende Phänomene abzustumpfen (vgl. HABERMAS 1979, S. 17).

Lernen an unmittelbarer Erfahrung

Zweifellos hat der herkömmliche wirtschaftsgeographische Unterricht wenig dazu beigetragen, daß Schüler ein persönliches Verhältnis zur Berufs- und Lebenswelt des Arbeiters gewinnen (und dies, obgleich die Arbeiterschaft in unserer Gesellschaft die zahlenmäßig stärkste Sozialgruppe darstellt). Wenn tatsächlich die Arbeitswelt namentlich in geographischen Arbeiten auftaucht (z.B. GEIPEL 1969, FICK 1974), so dominiert bei näherem Hinsehen wiederum die Fixierung auf den Raum, die alle lebensweltlichen Bezüge weitgehend zudeckt. Demgegenüber wird hier gefordert, daß Lernen stets an unmittelbaren Erfahrungen ansetzt. Denn die hieraus resultierende Betroffenheit und Identifikation ist im Sinne ihrer Aufforderung zum Nachdenken und zur Verhaltensänderung wichtiger als die Konzentration auf allzu enge fachliche Aspekte. Ohnehin sortiert sich das Sammeln von Erfahrungen und das Denken in sozial relevanten Zusammenhängen nicht nach Fächern; es wird vorzugsweise gefördert durch einen fachübergreifenden Unterricht. Auf dem Wege hierzu gilt es aber auch, den Schüler, jenes fachdidaktisch vielfach unbekannte Wesen, in seiner Persönlichkeit, in seinen Wünschen, Ängsten und Sorgen zu entdecken.

In diesem Sinne ist es nützlich, die Sicht von Betroffenen stärker zu Wort kommen zu lassen. So haben z.B. Bergarbeiter und ihre Frauen aus Recklinghausen-Hochlarmark ihre Geschichte und ihre Geographie aufgeschrieben, und zwar in Zusammenarbeit mit dem Kulturreferat der Stadt (Hochlarmarker Lesebuch 1981, siehe auch REHM 1981). Solche Darstellungen können durchaus eigene, bescheidenere Anläufe zur Erfassung der eigenen heimaträumlichen Situation anregen und Geschichte wie Geographie lebendig werden lassen. Auf diese Weise sollen Schüler auch erfahren, w i e etwas, w o d u r c h , f ü r w e n und d u r c h w e n geworden ist. Denn beliebt sind ausweichende Umschreibungen wie: " M a n hat Produktionsstätten errichtet" (vgl. hierzu FRIESE 1974, S. 13). Statt dessen sollte eine klare Vorstellung davon vermittelt werden, daß die vorfindliche "räumliche Ordnung" immer die Ordnung derer darstellt, die sich mit ihren Interessen in der Vergangenheit gegenüber den gesellschaftlichen Ohnmächtigen durchgesetzt haben (vgl. SEDLACEK 1982, S. 199).

Ein aufgeklärter Raumbezug

Bestürzt wird sich manch einer inzwischen fragen: Aber wo bleibt denn da das Räumliche, wo bleibt die Geographie? In der Tat geht es darum, dem Lieblingskind der Geographen einen ihm angemessenen Platz zuzuweisen. Es heißt allerdings auch Abschied nehmen von einigen allzu liebgewordenen Vorstellungen. Zum Beispiel wird immer deutlicher, daß die räumliche Perspektive nicht genug hergibt, um eine fruchtbare Einzelwissenschaft zu definieren und zu legitimieren (vgl. hierzu HARD 1979, S. 23, EISEL 1982). Die geographische Situation als solche erklärt - entgegen dem prinzipiellen Anspruch der Geographie - in aller Regel wenig genug, allein für sich genommen so gut wie gar nichts.

Wirklich brennende Probleme sind immer eher finanzieller, sozialer, ökonomischer, politischer oder rechtlicher Natur als ausgesprochen räumlicher Art. Insofern wäre gegen die (in Kap. 3 beschriebene) instinktiv richtige Abkehr vom Räumlichen auch gar nichts einzuwenden, wenn sie nicht geradewegs und ausschließlich ins Technologische führte. Abschließende Empfehlung: Man wird in Schule und Hochschule gut daran tun, das Räumliche "als eine beobachtungssprachliche Operationalisierungsebene von nichträumlichen Theorien" aufzufassen (HARD 1979, S. 32).

Allerdings sollten die Fortschritte der begrifflichen Präzisierung des Räumlichen, die aufgrund des choristisch-chorologischen Ansatzes möglich geworden sind, nicht übersehen werden und in Verbindung mit handlungsorientierten Perspektiven für den Geographieunterricht durchaus von Nutzen sein (vgl. hierzu ausführlicher ENGEL 1979, DAUM/SCHMIDT-WULFFEN 1980, S. 123-156, DAUM 1981 b). Die kritische Aufklärung des Raumbezugs von Wirtschaft, Gesellschaft und Politik trägt wesentlich dazu bei, Veränderungen und Handlungsspielräume erlebbar und dadurch besser lernbar zu machen.

Literatur

BARTELS, D. (Hrsg.) (1970): Wirtschafts- und Sozialgeographie, Köln, Berlin

DERS. (1980) : Wirtschafts- und Sozialgeographie. In: W. Albers u.a. (Hrsg.): Handwörterbuch der Wirtschaftswissenschaft. 23. Lieferung, Stuttgart, S. 43-55

BARTELS, D.u.G.HARD (1975): Lotsenbuch für das Studium der Geographie als Lehrfach. 2. Aufl. Bonn, Kiel

BUTZIN, B. (1982) : Elemente eines konflikttheoretischen Basisentwurfs zur Geographie des Menschen. In: P. Sedlacek (Hrsg.): Kultur-/Sozialgeographie, Paderborn, S. 93-124

DAUM, E. (1981 a) : Räumliche Strukturschwäche als Ergebnis gesellschaftlicher, wirtschaftlicher und politischer Prozesse. In: Geographie im Unterricht 6, S. 224-233

DERS. (1981 b) : Zur didaktischen Legitimierung räumlicher Konzepte. In: Geographie und Schule 3, Heft 11, S. 18-23

DERS. (1982) : Die Grenzen einer Disziplin: Politische Geographie ohne Politik? In: Geographie heute, 3. Jg. Heft 13, S. 62

DAUM, E. u. (1980): Erdkunde ohne Zukunft? Konkrete
W.-D. SCHMIDT-WULFFEN Alternative zu einer Didaktik der Belanglosigkeiten, Paderborn

EISEL, U. (1982) : Regionalismus und Industrie. In: P. Sedlacek (Hrsg.): Kultur-/Sozialgeographie, Paderborn, S. 125-150

ENGEL, J. (Hrsg.) (1979) : 12mal Geographieunterricht, Bad Heilbrunn

DERS. (1982) : Grenzen und Minoritäten. In: Geographie heute, 3. Jg., Heft 13, S. 4-14

ERNST, E. (1972) : Lernzielorientierter Erdkundeunterricht! In: Deutscher Geographentag Nürnberg/Erlangen 1971. Tagungsbericht und wissenschaftliche Abhandlungen. Wiesbaden, S. 186-192

FICK, K.E. (1974) : Wirtschaftsgeographie und Arbeits-
lehre. In: Pädagogische Welt 28,
S. 88-97

DERS. (1975) : Aufgabe und Funktion der Wirtschaftsgeographie. In: Die Deutsche
Schule 67, S. 202-219

FRIESE, H.-W. (1974) : Aspekte zum wirtschaftsgeographischen Unterricht. In: Beiheft Geo-
graphische Rundschau. Heft 3,
S. 12-14

GEIPEL, R. (1969) : Industriegeographie als Einführung
in die Arbeitswelt, Braunschweig

HABERMAS, J. (1968) : Erkenntnis und Interesse,
Frankfurt a.M.

DERS. (Hrsg.) (1979) : Stichworte zur 'Geistigen Situation der Zeit'. 2 Bände,
Frankfurt a.M.

HARD, G. (1979) : Die Disziplin der Weißwäscher. Über
Genese und Funktion des Opportu-
nismus in der Geographie. In: P.
Sedlacek (Hrsg.): Zur Situation der
deutschen Geographie zehn Jahre
nach Kiel. Osnabrücker Studien zur
Geographie, Band 2, Osnabrück,
S. 11-44

HAUBRICH, H. u.a. (1977) : Konkrete Didaktik der Geographie,
Braunschweig

HOCHLARMARKER LESEBUCH : Kohle war nicht alles - 100 Jahre
(1981) Ruhrgebietsgeschichte, Oberhausen

KEMPOWSKI, W. (1976) : Immer so durchgemogelt. Erinnerungen an unsere Schulzeit,
Frankfurt a.M.

KREUZER, G. (1970) : Wirtschaftsgeographie in der Haupt-
schule. In: Moderne Geographie in
Forschung und Unterricht. Auswahl
Reihe B, Band 39/40, Hannover,
S. 103-128

KROSS, E. (1979) : Industriegeographie in der S I -
Ein Strukturierungsvorschlag. In:
E. Kroß u.a.: Geographiedidaktische
Strukturgitter. Eine Bestandsauf-
nahme, Braunschweig, S. 161-173

LEE, R. (1981) : Economic geography. In: R. Johnston
(Hrsg.): The dictionary of human
geography, Oxford, S 91-96

LENG, G. (1973) : Zur "Münchner" Konzeption der Sozialgeographie. In: Geographische Zeitschrift 61, S. 121-134

LEY, D. u. : Humanistic geography, Chicago
M.S. SAMUELS (Hrsg.)(1978)

LÜHRING, J. (1982) : Konkurrierende Leitbilder in den Sozialwissenschaften. In: P. Sedlacek (Hrsg.): Kultur-/Sozialgeographie, Paderborn, S. 151-185

MAIER, J. u.a. (1977) : Sozialgeographie, Braunschweig

PEET, R. (Hrsg.) (1977) : Radical geography, Chicago

REHM, A.-K. (1981) : Stadtteil-Geschichte. Falkenried: Bewohner erzählen die Geschichte eines Hamburger Arbeiterviertels, Hamburg

RICHTER, D. (1976) : Lernzielorientierter Erdkundeunterricht und Säulenmodell. In: Geographische Rundschau 28, S. 235-242

RHODE-JÜCHTERN, T. (1976) : Kritik in der Geographie zwischen Fortschritt und Vergeblichkeit. In: Geographische Zeitschrift 64, S. 161-170

RUPPERT, K. u. : Zur Konzeption der Sozialgeographie. In: A. Schultze (Hrsg.):
F. SCHAFFER (1976) Dreißig Texte zur Didaktik der Geographie. 5. Aufl. Braunschweig, S. 223-246

SCHÄTZL, L. (1978) : Wirtschaftsgeographie 1, Paderborn

SCHMIDT, A. (1965) : Die Erdkundestunde, Ratingen

DERS. (1976) : Der Erdkundeunterricht. 5. Aufl. Bad Heilbrunn

SCHRAMKE, W. u.a. (1978) : Geographie als Politische Bildung. Geographische Hochschulmanuskripte, Band 6, Göttingen

SCHRAND, H. (1978) : Neuorientierung in der Geographiedidaktik? In: Geographische Rundschau 30, S. 336-342

SCHULTZE, A. (1976 a) : Neue Inhalte, neue Methoden? In: J. Engel (Hrsg.): Von der Erdkunde zur raumwissenschaftlichen Bildung, Bad Heilbrunn, S. 222-232

DERS. (1976 b)

: Allgemeine Geographie statt Länderkunde! In: A. Schultze (Hrsg.): Dreißig Texte zur Didaktik der Geographie. 5. Aufl. Braunschweig, S. 135-155

SEDLACEK, P. (1982)

: Kulturgeographie als normative Handlungswissenschaft. In: P. Sedlacek (Hrsg.): Kultur-/Sozialgeographie, Paderborn, S. 187-216

SMITH, N. (1979)

: Geography, Science and post-positivist modes of explanation. In: Progress in Human Geography 3, S. 356-383

STRASSEL, J. (1982)

: Zur Programmatik gesellschaftstheoretischer Vorstellungen in der Sozialgeographie. In: P. Sedlacek (Hrsg.): Kultur-/Sozialgeographie, Paderborn, S. 25-53

TAUBMANN, W. (1980)

: Räumliche Disparitäten. Das Beispiel Bundesrepublik. In: Geographie heute. Heft 2, S. 2-11

VÖLKEL, R. (1961)

: Erdkunde heute, Frankfurt a.M.

VOPPEL, G. (1975)

: Wirtschaftsgeographie, Stuttgart

WAGNER, H.-G. (1981)

: Wirtschaftsgeographie, Braunschweig

WENZEL, H.J. (1978)

: Der sozialgeographische Ansatz und seine methodisch-inhaltliche Ausformung im Unterrichtswerk "Welt und Umwelt". In: Osnabrücker Studien zur Geographie, Band 1, Osnabrück, S. 185-217

DERS. (1982)

: Sozialgeographie. In: L. Jander, W. Schramke u. H.-J. Wenzel (Hrsg.): Metzler Handbuch für den Geographieunterricht, Stuttgart, S. 380-388

WIRTH, E. (1977)

: Die deutsche Sozialgeographie in ihrer theoretischen Konzeption und in ihrem Verhältnis zur Soziologie und Geographie des Menschen. In: Geographische Zeitschrift 65, S. 161-187

PLAN UND WIRKLICHKEIT - DIE BESIEDLUNG DER

IJSSELMEERPOLDER (NIEDERLANDE)

Von Dieter Sajak

Zu Beginn des 20. Jahrhunderts konnten die Niederländer auf
einen über 800 Jahre währenden Kampf mit dem Wasser zurück-
blicken. Landverlusten von 570 000 ha seit dem Jahre 1200
standen lediglich Landgewinne von 420 000 ha trockengelegten
Meeresbodens gegenüber.

Durch die Abschließung und teilweise Trockenlegung der ehemaligen Zuidersee konnten die Niederländer diese Bilanz zu
ihren Gunsten verbessern.

Das Zuidersee-Projekt hat in den letzten Jahrzehnten über die
Niederlande hinaus große Beachtung gefunden (vgl. CONSTANDSE
1976), und es ist festzustellen, daß ein derart umfangreiches
Projekt eine Vielzahl von Folgen hat, sowohl für das sich ein-
schneidend verändernde Gebiet der Zuidersee selbst als auch für
die angrenzenden Gebiete des "alten Landes". Vielfältige Probleme der Wasserwirtschaft (z.B. Sicherheit vor Überschwemmungen, Trink- und Brauchwasserversorgung, Versalzung, Wasserab-
leitung), des Verkehrs (z.B. Binnenwasserwege, Zugang zu den
Häfen, Schleusensysteme, neue Straßen und Eisenbahnlinien in
den Poldern), der Fischerei (z.B. Verlust von Fanggründen,
Reduzierung der Fischereiflotte) und der endgültigen Nutzung
der Polder mußten gelöst werden. Dabei ist besonders zu beachten, in welchem Ausmaß die in den letzten 50 Jahren sich verändernden ökonomischen und sozialen Verhältnisse die Art und
Weise der Landnutzung in den Poldergebieten beeinflußt haben.

Der Strukturwandel in der Landwirtschaft, die schnelle Ver-
städterung, der zunehmende Wohlstand und die wachsende Mobilität
der Bevölkerung, die Schaffung neuer Erholungsgebiete und die
vielschichtigen Probleme des Umweltschutzes haben die staatlichen niederländischen Dienststellen bei dem Projekt fortwäh-
rend vor neue Aufgaben gestellt.

Jegliche Planung muß von bestimmten Konzeptionen ausgehen, die verwirklicht werden sollen. Dabei werden sich in der Planung bestimmte Leitbilder herausbilden, die wiederum entscheidende Bewertungen durch die jeweilige kulturelle und ökonomische Situation erfahren können. Inwieweit initiierte raumwirksame Maßnahmen sich dann als günstig oder weniger günstig entfalten, zeigen immer erst spätere Jahre. Die Problematik von "Planung" und "Umsetzung in die Realität" kann beim Funktionswandel der einzelnen Polder besonders deutlich beobachtet werden.

Die niederländische Regierung hat an dem Zuidersee-Plan von C. Lely festgehalten. In seiner Einfachheit und Flexibilität erwies sich dieser aus dem Jahre 1891 stammende Plan (vgl. u.a. CONSTANDSE 1976, SCHAMP 1960, SMITS 1953, BUHLMANN 1975, MEIJER 1981) auch unter sich verändernden Bedingungen und neuen Zielsetzungen als brauchbar. Prozeßplanung und Zielplanung waren keine Gegensätze, sondern ergänzten sich innerhalb eines sehr dynamisch verlaufenden Planungsprozesses. Die im Wieringermeerpolder, Nordostpolder und in Ostflevoland gemachten Erfahrungen werden heute verstärkt bei der Planung in Südflevoland und im Polder Markerwaard berücksichtigt. Besonders deutlich wird dies bei der in den letzten Jahren in den Niederlanden landesweit geführten Diskussion um den Polder Markerwaard. Erst Ende 1982 soll eine endgültige Entscheidung über die Funktion dieses Polders getroffen werden.

Die folgenden Ausführungen versuchen, die unterschiedlichen Planungen und Zielsetzungen bei der Besiedlung der Ijsselmeerpolder zu verdeutlichen. Es soll besonders dargestellt werden, warum bestimmte Planungsvorhaben verändert wurden und wie sich die dann durchgeführten Maßnahmen auf das Siedlungsgefüge und die Situation der Bevölkerung in den jeweiligen Poldern auswirkten.

Abb. 1   Siedlungen in den Ijsselmeerpoldern
(Stand 1982)

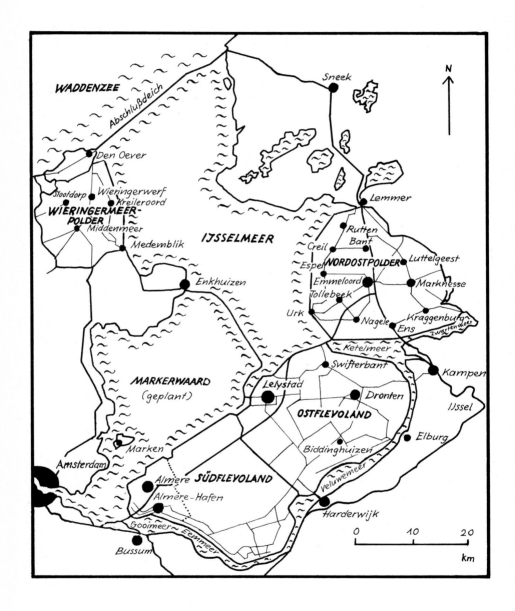

(Karte: Dienststelle Ijsselmeerpolder, Lelystad;
ergänzt durch aktuelle Angaben)

Der Wieringermeerpolder

Im Jahre 1929 wurde nicht nur mit dem Bau des Abschlußdeiches,
sondern auch mit der Landgewinnung im Wieringermeerpolder begonnen. Als dieser Polder 1930 trockengelegt war, ergab sich
zum erstenmal in der Geschichte des Zuidersee-Projekts die Aufgabe, eine 20 000 ha große Fläche ehemaligen Meeresbodens zu
kultivieren und zu besiedeln. Der Staat war gleichzeitig Eigen-
tümer und Verpächter und bestimmte auch die Siedlungspolitik.

Wichtigstes Ziel des Unternehmens war die Schaffung neuer landwirtschaftlicher Nutzflächen zur Erhöhung der Agrarproduktion
der Niederlande. Bei der Raumordnung des Wieringermeerpolders
ließ man sich von Überlegungen leiten, die eine optimale Par-
zellierung der landwirtschaftlichen Nutzfläche gewährleisteten
(Größe der Parzellen in der Regel 250 x 800 m, sogenannte 20 ha-
Höfe).

Ursprünglich sollten dreizehn Dörfer angelegt werden. Dieser
Plan wurde jedoch nicht verwirklicht. Aus heutiger Sicht eine
sicherlich richtige Entscheidung, zumal die jetzigen Siedlungen
in diesem Polder unter den sich in den letzten Jahren vollzoge-
nen ökonomischen und gesellschaftlichen Wandlungen es ohnehin
sehr schwer haben (vgl. Tab. 1).

Nachdem man zu Beginn der Besiedlung hoffte, daß an Kreuzungen
wichtiger Straßen bzw. Wasserläufe "spontan" Dörfer entstehen
würden, dies aber nicht der Fall war, wurden zu Beginn der
dreißiger Jahre zunächst drei Dörfer in den Polder gebaut:
Middenmeer, Slootdorp und Wieringerwerf. Die Lage dieser Dörfer
erwies sich als relativ ungünstig: Sie lagen zu nahe beiein-
ander, ihre Versorgungsbereiche überschnitten sich stark, die
Entfernung für die Bewohner der Randgebiete zum nächsten Dorf
wurde zu groß. Auch durch die spätere Anlage des vierten Dorfes
(Kreileroord) konnten diese Probleme nur teilweise gelöst werden (vgl. Abb. 1). Wieringerwerf war als Zentrum und Verwal-
tungsort vorgesehen; da aber Middenmeer früher angelegt worden
war, ließen sich Geschäfte, Büros und Schulen zunächst hier
nieder. Aber auch Middenmeer konnte sich bis heute nicht zum
eigentlichen zentralen Ort des Polders entwickeln, weil die

Einwohnerzahl dieses Polders mit 12 135 Einwohnern (1.1.1981) an der unteren Grenze der Schätzung blieb.

Tab. 1 Bevölkerungsentwicklung im Wieringermeerpolder
1971 - 1981

Einwohnerzahl am 1. Januar und jährliche Zu-/Abnahme der Bevölkerung					
1971	9608	+ 280	1977	12076	+ 138
1972	9888	+ 551	1978	12214	+ 71
1973	10439	+ 482	1979	12285	- 50
1974	10921	+ 737	1980	12235	- 100
1975	11658	+ 212	1981	12135	
1976	11870	+ 206			

Quelle: Statistisches Zentralamt

Seit 1979 ist die Bevölkerung in diesem Polder rückläufig, vor allem wandern junge Menschen ab, weil es zu wenig Arbeitsplätze gibt.

Im Wieringermeer zeigt sich deutlich, daß eine nach wasser- und landbautechnischen Grundsätzen hervorragend durchgeführte "Einpolderung" ohne die systematische Planung eines zentralörtlichen Siedlungsgefüges mit entsprechendem Angebot an nicht-landwirtschaftlichen Arbeitsplätzen für die gesamte Entwicklung dieses Polders sich ungünstig auswirkte. Der Wieringermeerpolder gehört heute zu den "Problemgebieten" der Niederlande.

Der Nordostpolder

Nach der Fertigstellung des 54 km langen Ringdeiches im Jahre 1940 war die Trockenlegung 1942 abgeschlossen. Unterbrochen durch den Zweiten Weltkrieg, konnte die Besiedlung erst 1959 abgeschlossen werden.

Wirtschaftliche Überlegungen führten zur Anlage von 12, 24 und 48 ha großen landwirtschaftlichen Betrieben, deren Gehöfte vorzugsweise bei den Betriebsflächen lagen. In der Nähe der Gehöfte wurden Wohnungen für einen Teil der landwirtschaftlichen Arbeitskräfte gebaut, während für die übrigen und für die nicht in der Landwirtschaft tätige Bevölkerung Dörfer vorgesehen waren.

Die im Wieringermeer gemachten Erfahrungen führten zur Konzeption einer hierarchischen zentralörtlichen Siedlungsstruktur. Das Modell CHRISTALLERS diente als siedlungsgeographisches Planungskonzept.

Abb. 2   Planung der Siedlungen im Nordostpolder
         nach dem Christallerschen Modell

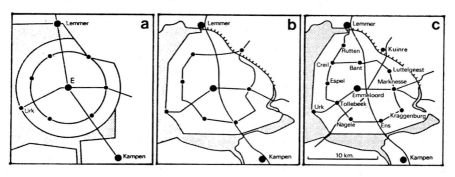

a — geometrische Anordnung der Siedlungen
b — Plan mit fünf zusätzlichen Dörfern
c — der revidierte und durchgeführte Plan

(Quelle: IDG)

Zunächst waren fünf (Abb. 2), später sechs Dörfer vorgesehen. Schließlich gab jedoch das Argument der maximal zulässigen Distanz in "Fahrradkilometern" (höchstens 4 km von Ort zu Ort) den Ausschlag für die Anlage von zehn neuen Dörfern. Bei der Festlegung dieses Dörferplans wurden die Bedürfnisse der verstreut wohnenden Bauern und Landarbeiter in vergleichbaren Gebieten der Niederlande berücksichtigt. Die Dörfer sollten in angemessener Entfernung voneinander liegen und für jeden Bewohner leicht erreichbar sein. Neben diesen Dörfern mit lokaler Versorgungsfunktion sollte im Zentrum des Polders eine Stadt entstehen. In dem annähernd kreisförmigen Polder bilden die

wichtigsten Straßen ein Achsenkreuz (Abb. 2). Die West-Ost-
Achse verbindet den alten Fischerhafen Urk mit dem "festen
Land", während die Nord-Süd-Linie die bestehenden Städte Lemmer
und Kampen verbindet. Im Mittelpunkt sollte der Hauptort Emmeloord liegen, und in einem Kreis darum, durch eine Ringstraße
verbunden, wurden die zehn Dörfer angelegt. Jedes dieser Dörfer
sollte ungefähr 2 000 Einwohner im Dorfkern haben. Emmeloord
war für 10 000 Einwohner geplant.

Die Einwohnerzahl der ländlichen Gebiete im Umkreis der jeweiligen Dörfer wurde für 2 000 bis 3 000 Menschen geplant, so daß
jedes Dorf durchschnittlich 4 000 Menschen versorgen sollte.

Emmeloord sollte als zentraler Ort (Regionalzentrum) den gesamten Polder versorgen; die Dörfer als zentrale Orte niederer
Stufe sollten in ihrem funktionalen Rang gleichgewichtig sein.

Tab. 1a Entwicklung der Bevölkerung in Emmeloord

Jahr	Ortskern	ländl. Umland	Gesamt- zahl	Anteil in % an der Gesamtbevölkerung im NO-Polder
1955	5 284	1 528	6 812	32,4
1960	7 422	1 537	8 959	31,2
1965	9 395	1 364	10 759	35,1
1970	11 905	1 221	13 126	41,0
1975	15 766	995	16 761	48,6
1979	18 030	889	18 919	50,6

Quelle: Gemeinde NO-Polder

Tab. 2   Einwohnerzahlen der Dörfer im NO-Polder,
ohne Emmeloord

(obere Zahl = Ortskern, unt. Zahl = ländl. Umland)

Gemeinde	Einwohnerzahl		
	1970	1976	1981
1. Bant	$\frac{548}{799}$	$\frac{544}{657}$	$\frac{682}{604}$
2. Creil	$\frac{590}{1029}$	$\frac{714}{854}$	$\frac{739}{768}$
3. Ens	$\frac{1410}{1309}$	$\frac{1553}{1106}$	$\frac{1597}{1081}$
4. Espel	$\frac{561}{949}$	$\frac{539}{786}$	$\frac{712}{771}$
5. Kraggenburg	$\frac{578}{1001}$	$\frac{599}{903}$	$\frac{700}{827}$
6. Luttelgeest	$\frac{532}{1115}$	$\frac{506}{938}$	$\frac{680}{892}$
7. Marknesse	$\frac{1473}{1482}$	$\frac{1993}{1264}$	$\frac{2139}{1180}$
8. Nagele	$\frac{1031}{1183}$	$\frac{1155}{939}$	$\frac{1100}{895}$
9. Rutten	$\frac{510}{1252}$	$\frac{477}{1010}$	$\frac{627}{918}$
10. Tollebeek	$\frac{513}{1013}$	$\frac{533}{891}$	$\frac{558}{844}$

Quelle: Gemeinde NO-Polder

Tatsächlich führte die Entwicklung zu sehr unterschiedlichen
Bevölkerungszahlen in den zehn Dörfern. Sieben der zehn Dörfer
(Tab. 2) haben im Kern weniger als 1 000 Einwohner, und viele
Einrichtungen (z.B. Schulen, Kindergärten) werden nicht voll
ausgenutzt. In einem Regionalgutachten aus dem Jahre 1968 wurden die Dörfer je nach Ausstattung und Einwohnerzahl in die
Klassen Zentrumsdorf, Versorgungskern und Versorgungspunkt eingeordnet (siehe auch HORSTMANN/HAMBLOCH 1970). Sie werden also
nicht mehr länger als gleichrangig betrachtet. HAMBLOCH (1977)

stellt fest, daß auch die Zuordnung in der zentralörtlichen
Hierarchie nicht dem CHRISTALLERSCHEN Modell entspricht.

Emmeloord hat sich zum Regionalzentrum entwickelt (1981 über
19 000 E). Marknesse, Ens und Nagele bilden Zentrumsdörfer.
Alle übrigen Dörfer sind als Versorgungspunkte anzusehen
(KLEINA 1979).

Die Gründe für die starken Veränderungen im zentralörtlichen
Siedlungsgefüge sind:

a) Wandel der Agrarstruktur durch Mechanisierung, Rationalisie-
   rung, Rückgang der Zahl von landwirtschaftlichen Betrieben,
   Veränderungen in der Betriebsgrößenstruktur und zunehmende
   Spezialisierung in der Produktion.

b) Während bis 1965 die Landwirtschaft noch weitgehend das
   Arbeitsplatzangebot im Polder bestimmte, hat sich ab 1966/67
   der Dienstleistungsbereich in der Wirtschaft durchgesetzt.
   Heute entfallen über 50 % aller Arbeitsplätze im Polder auf
   den tertiären Sektor. Fast alle wirtschaftlichen Aktivitäten
   gehen von Emmeloord als Geschäfts- und Dienstleistungs-
   zentrum sowie als Standort der meisten Industrie- und Gewerbebetriebe aus.

c) Der Agrarstrukturwandel hat in erheblichem Maße die Bevölkerungsentwicklung und die Bevölkerungsstruktur beeinflußt. In
   den 60er Jahren ist ein negativer Migrationssaldo durch Ab-
   wanderung freiwerdender Arbeitskräfte in der Landwirtschaft
   festzustellen, da zu wenig Arbeitsplätze im sekundären und
   tertiären Bereich vorhanden waren.

   Die Ansiedlung vorwiegend junger Familien führte im NO-Polder
   aber seit dem Ende der 70er Jahre zu einer Zunahme der Bevölkerung, besonders in Emmeloord.

d) Deutliche Veränderungen in der Sozialstruktur der Bevölkerung
   sind seit 1960 festzustellen. In den Dörfern bestimmen trotz
   weitreichender Veränderungen in der Landwirtschaft und dem
   damit verbundenen Rückgang an Erwerbstätigen Landwirte und

Landarbeiter die Sozialstruktur. Angestellte, Arbeiter und
Beamte prägen hingegen das Bild in Emmeloord. Lediglich in
Ens, Marknesse und z.T. auch in Nagele entwickelte sich in
den letzten Jahren der Dienstleistungsbereich stärker, trotz-
dem sind die in der Landwirtschaft Tätigen noch die größte
Sozialgruppe.

e) Ähnlich wie im Polder Wieringermeer, hat auch im NO-Polder
die sogenannte "Versäulung" der niederländischen Gesellschaft einen ungünstigen Einfluß auf die Siedlungsentwick-
lung. Mit "Versäulung" (MEIJER 1981) ist gemeint, daß sich
in den Niederlanden die konfessionellen Unterschiede sehr
stark im Unterrichtswesen, in der Politik, im Vereinswesen
usw. bemerkbar machen. So wurden in jedem neuen Dorf, ungeachtet der Größe und Funktion, zwei oder drei Kirchen,
Schulen und z.T. Kindergärten für die größten Konfessionen
gebaut.

Die in den letzten Jahren rückläufigen Schülerzahlen in den
meisten Dörfern führen zu Problemen in der Unterrichtsver-
sorgung.

Eine besondere Stellung im NO-Polder hat die Stadt Urk (Abb. 2),
die seit Jahrhunderten als Fischereihafen überregionale Bedeutung besitzt. Auch die Einbeziehung der früher auf einer Insel
in der Zuidersee gelegenen Stadt in den Polder hat die Entwicklung nicht beeinträchtigt. Urk hat heute über 10 000 Einwohner
und ist mit 135 Fischereifahrzeugen der wichtigste Fischereihafen der Niederlande und bedeutender Touristenort.

Zusammenfassend kann festgestellt werden, daß die angesprochenen
sozioökonomischen Veränderungen mit einer größeren Mobilität
der Bevölkerung und höheren Ansprüchen an die Versorgungsein-
richtungen sowie den damit zusammenhängenden Änderungen der
Einkaufsgewohnheiten, sich besonders nachteilig für die neuen
Dörfer im NO-Polder ausgewirkt haben.

Ostflevoland

Im Jahre 1957 war die Trockenlegung dieses Polders beendet, und
54 000 ha neues Land waren gewonnen. Vorrangiges Ziel war die
Gewinnung agrarischer Nutzflächen, um die landwirtschaftliche
Produktion zu steigern und die wachsenden Verluste an Agrar-
flächen in anderen Landesteilen durch Städtebau und Industrie-
ansiedlung wieder auszugleichen.

Bedingt durch den Strukturwandel in der Landwirtschaft, waren
in der Regel 30 ha-Höfe im östlichen und 45 ha-Höfe im westlichen Polder in arrondiertem Besitz geplant, weil diese Be-
triebsgrößen auch zukünftig als rentabel galten. Damit verbunden
war allerdings eine geringere Bevölkerungsdichte im Polder,
denn die kapitalintensiv arbeitenden neuen Höfe wurden immer
mehr zum Einmannbetrieb.

Für die Besiedlung wiesen die ersten Pläne (1951) 13 Dörfer und
als zentralen Ort Lelystad aus. Ebenso wie im NO-Polder ging
man zunächst von 4 - 5 km Distanz von den jeweiligen Wohnorten
(Bauernhöfen) zu einem Wohnzentrum (Dorf) aus. Aber die im
NO-Polder gemachten Erfahrungen zeigten deutlich, daß es wichtiger sein würde, weniger neue Siedlungen anzulegen, dafür ihre
Qualität entscheidend zu verbessern. So wurden nur noch 4 Siedlungen (Abb. 1) angelegt:

- Lelystad als zukünftiges überregionales Zentrum
  (C - Zentrum) für das ganze Zuiderseegebiet,

- Dronten als B - Zentrum mit Verwaltungsfunktionen für
  das östliche Poldergebiet,

- Biddinghuizen und Swifterbant als untere A - Zentren mit
  Wohn- und Versorgungsfunktionen für das agrarische Umland.

Berechnungsgrundlage für die Anzahl der Dörfer waren nicht
mehr wie im NO-Polder die Distanzen (z.B. Entfernung vom
Bauernhof zum Dorf bzw. zwischen den Dörfern), sondern die
Mindestgröße, die für die Gewährleistung eines hinreichend
hohen Versorgungsniveaus notwendig ist. Daher sollte sich auch

in den A - Zentren die Wohnbevölkerung mit ihren Erwerbstätigen auf alle drei Wirtschaftssektoren verteilen. Neben zentralen Einrichtungen wurden auch in den A - Zentren Industrieareale ausgewiesen, die heute sowohl in Biddinghuizen (Industriegelände ca. 7 ha) als auch in Swifterbant (Industriegebiet ca. 11 ha) der Bevölkerung Arbeitsplätze bieten.

Die Stadt Dronten (11 370 Einwohner, Stand: 1.1.81) ist das Zentrum des agrarischen Bereichs Ostflevolands. Kennzeichnend für das städtebauliche Konzept ist hier ein großer, verkehrsfreier Platz in der Stadtmitte, der von verschiedenen Geschäften, mehreren Banken und dem großen Gemeinschaftshaus (mit Theater, Kino, Restaurant und Sälen für Veranstaltungen sowie Möglichkeiten für den Wochenmarkt und Sportveranstaltungen) umgeben ist. Die einzelnen Wohnviertel, das Industriegebiet und die großzügig angelegten Grünflächen für Sport und Erholung sind um diesen Platz herum angeordnet. Dronten hat sich in den letzten Jahren kontinuierlich entwickelt und gehört heute mit einem strukturierten Angebot an Arbeitsplätzen und vielfältigen schulischen Einrichtungen zu einem attraktiven Wohnort mit deutlicher Zentrumsfunktion.

Revolutionär anmutend war der Bau von Lelystad, einer Großstadt auf ehemaligem Meeresgrund, die einmal 100 000 Einwohner aufnehmen soll. Im Schnittpunkt einer wichtigen Verkehrsachse zwischen Norden und Süden bzw. Westen und Osten gelegen, soll Lelystad zukünftig die Funktion eines primären Regionalzentrums übernehmen.

Bei der Planung Lelystads wurde u.a. von folgenden Zielsetzungen ausgegangen (MEIJER 1981):

- das Wohnklima sollte Vorteile der Kleinstadt (z.B. preiswertes eigenes Haus mit Garten, gute Naherholungsmöglichkeiten, geringe Umweltbelastungen) mit Vorteilen der Großstadt (z.B. gute Verkehrsverbindungen, hohes Versorgungsniveau, differenziertes Bildungs- und Freizeitangebot) verbinden.

- in der Stadt sollten die Bewohner nicht nur wohnen, sondern auch arbeiten können.

1966 begann man mit dem Bau des ersten Wohnviertels im nörd-
lichen Teil. Gleichzeitig wurde das Geschäftszentrum errichtet.
Über 20 000 Menschen wohnten 1975 bereits in Lelystad, Ende
1982 schon über 50 000, im Jahr 2000 werden es ca. 100 000 sein.
Seit dem Beginn der Bauarbeiten wurde alles getan, um ein
attraktives Niederlassungsklima für Unternehmen, Dienstlei-
stungsbetriebe und den einzelnen Bürger zu schaffen.

Abb. 3 Flächennutzungsplan Lelystad
        (vereinfacht)

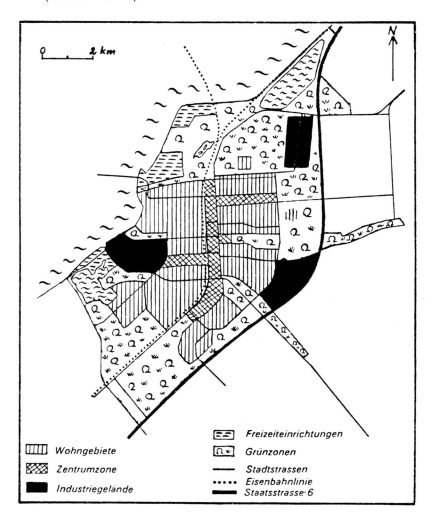

Ohne näher auf die unterschiedlichen, z.T. sehr komplizierten
Planungsphasen einzugehen, seien einige Hauptmerkmale des
Flächennutzungsplanes von 1975 (Abb. 3) genannt. Das Stadtge-
biet liegt zwischen dem Ijsselmeer und der Autobahn (Umgehungs-
straße). Es sind 4 durch Grünzonen voneinander getrennte Stadtviertel vorgesehen, die sich um ein längliches Stadtzentrum
gruppieren. Die Stadtviertel sind in Nachbarschaften für 5 000
bis 6 000 Einwohner unterteilt. Die einzelnen Stadtviertel erhalten wiederum kleine Versorgungszentren für den täglichen
Bedarf der Bewohner. Alle Stadtviertel sind um die Zentrumszone
angelegt, die alle wichtigen städtischen Einrichtungen aufweist
(z.B. Einkaufszentren, kulturelle Einrichtungen, Bürogebäude,
Krankenhaus, Schulen).

Industrie- und Gewerbebetriebe, die sich nicht in die Stadt
integrieren lassen, werden in speziell ausgewiesenen Gebieten
am Stadtrand angesiedelt.

Die Konzeption Lelystads soll eine Alternative zur Zersiedlung
bieten. Die o.g. Zielsetzungen sind weitgehend erfüllt, denn es
wurden nur wenige Hochhäuser gebaut, und die Verkehrseinrich-
tungen können als vorbildlich gelten. Der gesamte Plan ist relativ flexibel und kann in Phasen ausgeführt werden. Die Zentrumszone kann auch nach Süden verlängert werden, an den Seiten
können neue Wohngebiete entstehen.

An der neueren Siedlungsplanung kann man erkennen, daß Ostflevoland - mehr als die älteren Polder - innerhalb der niederländischen Raumordnung Funktionen von überregionaler Bedeutung
im Hinblick auf die "Randstad Holland" haben wird. Besonders im
Freizeit- und Erholungsbereich wird dies deutlich, wo an den
Randmeeren komfortable Campingplätze, größere Waldgebiete,
Jachthäfen und Badestrände angelegt werden.

Südflevoland

In diesem Polder ist der Prozeß der Inbetriebnahme in vollem
Gange. Zu Beginn des Jahres 1981 konnten insgesamt 4 500 ha
landwirtschaftliche Nutzfläche an 91 Bauern vergeben werden.
Große Teile des Polders werden noch vom Staat bewirtschaftet.

Bei der Planung der Siedlungen wurde vom hierarchischen Prinzip
(A-, B- und C-Zentrum) abgegangen. Kleine Dörfer werden in diesem Polder nicht gebaut. Außer Almere ("Stad und Haven") soll
nur noch Zeewolde im Südosten des Polders gebaut werden, allerdings waren 1982 noch keine Bautätigkeiten zu erkennen, Zeewolde
soll die Versorgung der ländlichen Gebiete übernehmen und durch
seine günstige Lage am Wasser zum Erholungszentrum ausgebaut
werden.

Almere wird aus mehreren Siedlungskernen bestehen (Abb. 4). Mit
dem Bau des ersten Kerns wurde 1975 begonnen (Almere-Haven),
1981 lebten hier bereits über 12 000 Menschen.

Abb. 4   Flächennutzungsplan von Almere

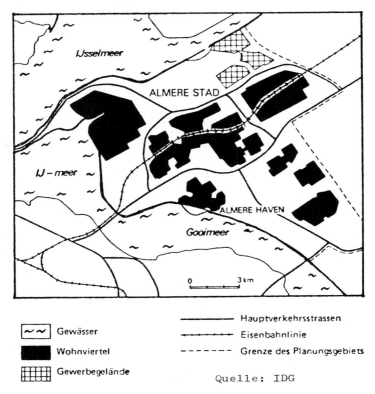

Mit dem zweiten Kern (Almere-Stad) wurde Ende 1978 begonnen.
Hier sollen einmal 90 000 Menschen wohnen, zusätzlich werden
35 000 Arbeitsplätze eingerichtet. Außerdem werden noch zwei

oder drei weitere Siedlungskerne entstehen, die im Jahr 2000 dann insgesamt 250 000 Menschen aufnehmen werden. Die Anlage von Almere dient dann der Entlastung der übervölkerten Randstad Holland.

Die verantwortlichen Dienststellen hoffen, daß durch eine städtebauliche Differenzierung, die verkehrsgünstige Lage, ein breitgefächertes Arbeitsplatzangebot und die Erholungsgebiete die Entwicklung kontinuierlich, ohne größere Eingriffe in die Planungsvorhaben, verläuft.

Markerwaard

Über die Trockenlegung des letzten Polders ist bis Ende 1982 noch keine Entscheidung gefallen. Lediglich der östliche Deich, der die Städte Enkhuizen und Lelystad verbindet, ist bereits fertiggestellt und dient als wichtige Verbindungsstraße zwischen den Poldern und Nordholland.

Ende 1980 wurde vom Minister für Wohnungswesen und Raumordnung dem niederländischen Parlament ein Plan vorgelegt, der die Einrichtung eines kleineren als des ursprünglich geplanten größeren Polders befürwortete. Als wichtigste Vorteile nennt der Bericht (IDG-Bulletin 1981):

- Gewinnung hochwertiger landwirtschaftlicher Nutzflächen,

- neuer Raum für den Städtebau, evt. für einen neuen Großflughafen,

- Schaffung neuer Erholungsgebiete am Wasser,

- Einrichtung neuer Naturschutzgebiete und Anlage neuer Waldflächen.

Als Nachteile werden u.a. aufgeführt:

- Verkleinerung der Süßwasserfläche,

- Einschränkung der Fischerei und Verlust von Fischgründen,

- Zerstörung von Feuchtgebieten für größere Wasservögel.

Ob dieser dem Parlament vorgelegte Plan (sog. kleinerer Polder) eine entsprechende Mehrheit findet, muß abgewartet werden.

Zusammenfassung

Die Verwirklichung des Zuiderseeprojekts nimmt eine lange Zeit in Anspruch. Seit 1920 wird fast ununterbrochen geplant und gebaut. In einem solchen Zeitraum vollziehen sich erhebliche Veränderungen auf den verschiedensten Gebieten, die auch eine langfristige Siedlungsplanung entscheidend verändern können. Die monofunktionalen Landbaugebiete im Wieringermeer und im NO-Polder sind unter heutigem Blickwinkel sicherlich Beispiele für die Begrenztheit von Planungen. Ost- und Südflevoland wurden dagegen multifunktionale Aufgaben im Rahmen der niederländischen Raumordnung zugewiesen. Bei der weiteren Planung in den Poldern wird man sich ständig vor Augen halten müssen, daß ein Projekt, wie umfassend es auch sein mag, immer die vielseitigen dynamischen Entwicklungen in unserer Zeit berücksichtigen muß. Geblieben ist jedoch die Hauptzielsetzung des Zuiderseeprojekts: der Schutz großer Gebiete vor Überschwemmungen und die Schaffung von neuem Raum für unterschiedliche Zwecke.

Literatur

BUHLMANN, I. (1975)   : Die Landgewinnung im Ijsselmeer,
                                         Wiesbaden

CONSTANDSE, A.K. (1972)   : The Ijsselmeerpolders - an old
                                         project with new functions.
                                         In: Tijdschrift voor Economische en
                                         Sociale Geografie, Jg. 63,
                                         S. 200-210

CONSTANDSE, A.K. (1976)   : Planung und Formgebung - Erfahrungen
                                         in den Ijsselmeerpoldern. (Zusammen-
                                         stellung einer Studie für die United
                                         Nations Conference on Human Settle-
                                         ments in Vancouver, Kanada, vom
                                         31.5. - 11.6.76)

GIERLOFF-EMDEN, G. (1982)   : Geographische Exkursion: Nieder-
                                         lande. In: Münchener Geographische
                                         Abhandlungen, Bd. 29, München

HAMBLOCH, H. (1977)   : Die Beneluxstaaten: eine geogra-
                                         phische Länderkunde. Wissenschaft-
                                         liche Länderkunden, Bd. 13,
                                         Darmstadt

HORSTMANN, J. u.   : Die Auflösung des Christallerschen
HAMBLOCH, H.   (1970)   Modells der zentralen Orte im Nord-
                                         ostpolder (Niederlande). In: Geogr.
                                         Rundsch., H. 4, S. 145 - 147,
                                         Braunschweig

KLEINA, H.H. (1979)   : Nordostpolder; die Entwicklung von
                                         Bevölkerung, Wirtschaft und Sied-
                                         lungsstruktur seit 1960. In: Biele-
                                         felder Hochschulschriften, Bd. 22,
                                         Bielefeld

MEIJER, H. (1981)   : Zuidersee/Ijsselmeer.
                                         Hrsg.: Informations- und Dokumenta-
                                         tionszentrum für die Geographie der
                                         Niederlande (IDG)- Utrecht u. Den
                                         Haag

NEUHOFF, E. (1976)   : Planung und Kulturlandschaftsent-
                                         wicklung der Ijsselmeerpolder. In:
                                         15. Deutscher Schulgeographentag,
                                         Düsseldorf, Beiträge zu den Exkur-
                                         sionen, S. 159 - 163, Kiel

RUPPERT, H. (1956)   : Kulturgeographische Probleme bei
                                         Neusiedlungen in Nordholland. In:
                                         Mitteilungen der Geographischen
                                         Gesellschaft in München, Bd. 41,
                                         S. 165 - 176

SCHAMP, H. (1960)   : Die Niederlande gewinnen eine neue
                            Provinz. In: Geograph. Rundsch.,
                            H. 12, S. 463 - 468, Braunschweig

SMITS, H. (1953)   : Neues Land vom Meeresboden. In:
                            Geograph. Rundsch., H. 11,
                            S. 413 - 419, Braunschweig

BRENNPUNKT "DRITTE WELT"

Von W. Schmidt-Wulffen

1. Ausgangslage

Die Lösung der in der Vergangenheit angelegten und in den letzten Jahrzehnten der Öffentlichkeit bewußt gewordenen Probleme der "Dritten Welt" wird in Presse und Politik unwidersprochen zu den ernstesten Zukunftsproblemen gerechnet. Entwicklungsprobleme werden in der Regel auf ihrer Erscheinungsebene wahrgenommen und auch vermittelt, als kontrasthaft empfundene Phänomene, so etwa ungleich verteilter Bildungs- und Erwerbschancen, rückständiger Wirtschaftsstrukturen, fehlenden Kapitals, geringer Problemlösungskapazität, Hilflosigkeit gegenüber Katastrophen usf.

Man kann leicht belegen, daß der in der Regel von Schulbüchern bestimmte Unterricht - wie die Schulbücher selbst - dazu neigt, Ursachen, Konsequenzen und Lösungsvorschläge bezüglich "Dritte Welt" - Probleme ebenfalls auf der nur vordergründigen Erscheinungsebene abzubilden (vgl. dazu SCHMIDT-WULFFEN 1981, Bd. I, S. 16 ff., 1982 a, S. 494 f.). Ursachen werden zwar nicht mehr oder nicht mehr allein etwa in Klima oder geographischer Lage, in Rassenzugehörigkeit oder Mentalität gesehen; aber "Kastenwesen" und "Religion", "Bevölkerungsexplosion" oder "duale Strukturen" dominieren nach wie vor. Häufig werden solche "Bedingungsfaktoren" schlicht addiert oder als diffuses "komplexes Wechselwirkungsgefüge" ausgegeben. Aber weder die einfachen Kausalitäten noch die Wechselwirkungen sind von ausreichendem, überzeugendem Erklärungsgehalt (vgl. dazu SCHMIDT-WULFFEN 1979). Die behauptete Erklärungsschwäche belegt Hegel, ein wohl über jeden "linken" Ideologieverdacht erhabener Kronzeuge: "Zwar ist die Wechselwirkung gemessen an der mechanischen Kausalität die höhere, weil reichere Kategorie, aber auch sie bleibt noch sozusagen an der Schwelle des Begriffs. ...Bleibt man dabei stehen, einen gegebenen Inhalt bloß unter dem Gesichtspunkt der Wechselwirkung zu betrachten, so ist dies in der Tat ein durchaus begriffloses Verhalten; man hat es dann bloß mit einer

trockenen Tatsache zu tun und die Forderung der Vermittlung
(der Ursachen WSW)... bleibt unbefriedigt" (In A. SCHMIDT 1978,
S. 196).

2. Aufgabenstellungen

Ziel nachfolgender Abschnitte ist es, einen Weg zu weisen und
zu begründen, der das Entwicklungs-Unterentwicklungssyndrom
"unterhalb" der "Oberflächenebene" zu analysieren gestattet (3.)
Dieses Ziel ist auf einer allgemeinen wissenschaftlichen Ebene
erreichbar, wobei einmal die Methode (3.1), zum anderen der Inhaltsaspekt (3.2) behandelt werden muß. Auf der Grundlage eines
solcherart begründeten theoretischen Vorverständnisses sollen
dann einige Problembereiche (4.) diskutiert werden, die aus dem
Erkenntnisinteresse des Geographen/Geographielehrers als Kern-
punkte der umfassenden entwicklungstheoretischen Debatte gelten
können:

4.1 Das Problem der Verursachung von Unterentwicklung in den
    Peripherien und von Entwicklung in den Zentren,

4.2 Das Problem des Verhältnisses von "internen" und "externen"
    Faktoren im Prozeß von Unterentwicklung und Entwicklung,

4.3 Das Problem der Generalisierung oder Individualisierung von
    Entwicklungsprozessen beim Vergleich einzelner Regionen,
    Länder oder Kontinente.

Zum Schluß (5.) sollen dann Vorschläge zur Lösung der wohl um-
strittensten Frage didaktischer Vermittlung erörtert werden:
Wie können Schüler bei fehlenden Eigenerfahrungen, psychischer
Distanz und weitverbreitetem Desinteresse für eine Auseinandersetzung mit Entwicklungsproblemen gewonnen werden, wenn die den
wissenschaftlichen Ergebnissen der letzten zehn Jahre innewoh-
nende Tendenz Schüler in Identitätskonflikte zu treiben droht?

3. Erkenntnisinteresse und Weg der Erkenntnisgewinnung

"Wissenschaft dringt in alle Bereiche unseres Lebens ein. Sie
registriert und analysiert Veränderungen, die in allen Lebens-
bereichen auftreten; noch stärker ist sie aber selbst direkt
oder indirekt an wirtschaftlichen und gesellschaftlichen Wandlungen beteiligt. Dabei werden die von Menschen selbst geschaffenen Bedingungen, unter denen sie leben und fortleben wollen,
zunehmend technisch-rational angelegt. Die so veränderte Welt
wird aber gerade dadurch für den Einzelnen in der Gesellschaft
nicht überschaubarer, im Gegenteil: Zunehmend wird undurch-
sichtiger, nach welchen Prinzipien oder Regeln denn nun die
Veränderungen auftreten, von welchen Interessen Neuerungen ge-
steuert werden. Wissenschaft wird so zu einem Spiel von 'dunklen
Mächten'. Wenn dies nicht zu einer schweren Überforderung (oder
zynischen Übertölpelung) der Mehrzahl der Menschen führen soll,
müssen sie alle mit den Verfahren der Wissenschaft vertraut und
ausgestattet sein, in denen die Rationalität handhabbar geworden
ist" (v. HENTIG 1970, S. 85).

3.1 Zur Methode

Eine Wissenschaft, welche die normative Forderung ernst nimmt,
individuell nicht mehr überschaubare Vorgänge über ein Verfahren
aufzuhellen und nachvollziehbar zu machen, bedarf einer geeig-
neten Methode. Sie muß dem Anspruch genügen, zwischen der vom
Individuum wahrnehmbaren - erklärungsbedürftigen - Erscheinung
und einer wissenschaftlichen Basisrationalen - die erklärungs-
stark ist - vermitteln zu können. Ein Verfahren, das auf diesem
Wege Erkenntnis in logisch-widerspruchsfreier Form zu vermehren
und zu vertiefen geeignet sein soll, ist das der Hypothesen-
überprüfung. Diese ist Teil eines andauernden Theorie-Empirie-
Kreislaufes: "In den Natur- wie in den Sozialwissenschaften
haben Hypothesen einen sehr einfachen logischen Grundaufbau...:
Wenn A, dann auch B. Oder besser noch: Weil A, deshalb auch B.
Einer weit verbreiteten, vor allem didaktisch sehr nützlichen
Gepflogenheit zufolge...nennt man B die "abhängige" oder "zu
erklärende" Variable; A dagegen heißt/heißen "unabhängige" oder
"erklärende" Variable. Man bezeichnet also eine Variable, die
in einem gegebenen Zusammenhang als vermutlicher Bedingungs-

oder Kausalfaktor fungiert, als unabhängige Variable (UV), während die in Abhängigkeit von ihr sich verändernde Variable abhängige Variable (AV) genannt wird" (DÜRR 1979, S. 14). Ein Beispiel, wie es in Schulbüchern immer wieder anzutreffen ist:

Es gelten als UV   : Kastenwesen, Religion
                         Mentalität
                         fehlender Unternehmergeist
                         Tradition
                         Dualismus
                         Subsistenzwirtschaft
                         Bevölkerungsexplosion
Sie erklären als AV : Regionale Disparitäten
                         Verstädterung
                         Dürrekatastrophen
                         Kapitalmangel
                         Unterversorgung
                         technologischen Rückstand

Vergleicht man UV:AV an einigen Beispielen, zeigt sich sehr rasch, daß ein solches methodisches Vorgehen zwar eine unabdingbare aber keine hinreichende Bedingung für eine widerspruchsfreie Erklärung darstellt. Zwar könnte man hypothetisch formulieren, daß z.B.
- Subsistenzwirtschaft durch Technologierückstand bedingt sei oder
- Dürrekatastrophen Ergebnis einer Bevölkerungsexplosion seien; aber man wird leicht sehen, daß die gewählten UVs _ihrerseits_ erklärungsbedürftig sind. Sie taugen nur bedingt als "Erklärendes". Erklärendes und zu Erklärendes sind Setzungen des Forschers und können bei mangelnder Sorgfalt leicht zu tautologischen Aussagen und Zirkelschlüsse führen. Das methodische Vorgehen der Hypothesenbildung und -überprüfung gewährleistet also noch keineswegs _erklärungsstarke UVs_ als Voraussetzung widerspruchsfreier Ergebnisse. Für die Klärung geographischer - also raumbezogener - Probleme über solche UVs ist ein Rückgriff auf sozialwissenschaftliche Forschungsergebnisse unerläßlich, weil fruchtbar.

3.2 Zum Inhaltsaspekt

Die inhaltliche Klärung des Syndroms von Entwicklung und Unterentwicklung - zum Zwecke der Gewinnung einer erklärungskräf-
tigen UV - erfolgt hier im Sinne einer Interpretation, die
sowohl der geläufigen marxistischen Auffassung von Entwick-
lungsbedingungen als auch der neo-liberalistischen Deutung
zuwiderläuft (nach ELSENHANS 1980) [1]. Es wird auf diese Weise
versucht, die Ergebnisse der beiden bedeutsamsten Forschungs-
ansätze kritisch miteinander zu verbinden:

- Die "Dritte Welt" unterlag historisch-zeitlich wechselnden,
  dementsprechend ihren Inhalt verändernden Aneignungstenden-
  zen seitens des kapitalistischen ökonomischen Weltsystems
  (WALLERSTEIN). Die Wirkungen dieser europäischen Durchdringung waren für Peripherien und für Zentren tendenziell gegen-
  läufig:

- In den Peripherien wurden durch eine mehrhundertjährige ungleiche Spezialisierung - von der Sklavenbeschaffung und
  Plantagenwirtschaft über die Rohstoffproduktion für die
  Zentren bis hin zu einer Rolle als industrielle Reserve-
  märkte - die vorgefundenen Produktionsweisen zerstört bzw.
  gemäß den Bedürfnissen der Zentren umgeformt. Damit wurde
  die dortige Binnenmarktentwicklung blockiert (ELSENHANS).
  Die sich so herausbildenden Deformationen wirkten über den
  ökonomischen Bereich in die Gesellschaftsstruktur hinein und
  formten lokale Sozialstrukturen entsprechend den von außen
  gesetzten Funktionen um.

---

1) Die marxistische Auffassung sieht in einer Kapitalakkumula-
   tion, die einen Investitionsfond bildet, die Voraussetzung
   der Entwicklung der heutigen Industriemetropolen. Dieser
   Investitionsfond sei durch permanente Ausbeutung der Peri-
   pherieländer geschaffen worden. Die Entwicklung der Metro-
   polen findet so in der Unterentwicklung der Peripherien ihre
   direkte, spiegelbildliche Entsprechung (vgl. dazu FRANK 1969,
   1980, AMIN 1975). Der neo-liberalistischen Schule gemäß vollzieht sich Entwicklung im Vertrauen auf die Marktkräfte, ge-
   steuert durch die Unternehmernachfrage, nach dem Prinzip der
   "komparativen Kostenvorteile". Bei Befolgung dieses Prinzips
   könne die "Dritte Welt" ihren "Rückstand" aufholen durch
   Förderung von Unternehmen(snachfragen); vgl. zu dieser Position z.B. KRAFFT/WILKE 1980.

- Allein in den Zentren gelang es, eine zusammenhängende ("kohärente") Wirtschafts-, Gesellschafts- und Regionalstruktur "relativer Vereinheitlichung" (SENGHAAS) zu schaffen. Dies war Folge einer feudalen Produktionsweise, die bei schwacher Organisation der Grundherren und starken städtischen Gegenkräften stets beweglich blieb. Organisierter Widerstand der Unterprivilegierten konnte besonders im Zeitalter der Industrialisierung über Gewerkschaften und soziale Parteien die Umverteilung neu geschaffenen Wertzuwachses erzwingen, so daß durch steigende Masseneinkommen Absatz und Anreiz zu Innovationen und Investitionen gewährleistet waren, Vorbedingungen für die über Entwicklung entscheidende Binnenmarktausweitung. Obwohl die "Dritte Welt" in diesem Prozeß durch ungleiche Spezialisierung unterentwickelt wurde, war die Entwicklung der kapitalistischen Produktionsweise ein eigenständiger Vorgang; die Peripherie war zu keinem Zeitpunkt Voraussetzung hierfür (ELSENHANS).

Diese knappen Bemerkungen zum Entwicklungsprozess mögen vorerst genügen, geht es hier doch nur darum, eine angemessene Ebene für eine UV zu bestimmen. Die knappe Skizze des Entwicklungsvorganges läßt die dialektische Bewegung miteinander konkurrierender Produktionsweisen als "Motor" hervortreten (vgl. dazu AMIN 1975, S. 11-22). UV stellt sich nun zu AV in allgemeinster Form dar (die dann im 4. Kapitel ihre notwendige Konkretisierung erfährt):

UV   : | Allgemeiner dialektischer Prozeß der
           Auseinandersetzung von Produktionsweisen |

AV   :   Unterentwicklung
           Regionale, ökonomische, soziale Disparitäten
           Bevölkerungsexplosion
           Strukturelle Heterogenität
           Dürrekatastrophen
           Unterversorgung
           usw.

Damit dürfte deutlich geworden sein: Die UVs begründen dann
die Einbindung der Geographie in die Sozialwissenschaften und
verweisen die stets behauptete "Eigenständigkeit" der Geographie
ins Reich von Wunschdenken und Ideologie, wenn sich eigene,
spezifische UVs aus der Geographie nicht gewinnen lassen. Beschränkt sich das "Geographische" auf die AVs, weil mögliche
UVs erst im Zusammenhang mit sozialwissenschaftlichen Basisrationalen konsistent werden, wird die apodiktische Wertung
DÜRR's (1979, S. 60) plausibel: "Eine in diesem Sinne eigene
Theoriebildung der Kulturgeographie ist aber nicht nur in weiter
Ferne, sie ist überhaupt nicht in Sicht, mehr noch: prinzipiell
gar nicht denkbar".

Auf der Basis des hier begründeten Vorverständnisses sollen
nun Schlußfolgerungen für einige Bereiche gezogen werden, die
für Erdkundelehrer Angelpunkte der Entwicklungsproblematik darstellen dürften.

4. Aktuelle fachbezogene Problembereiche
4.1 Zum Problem der Verursachung von Unterentwicklung und Entwicklung

Nicht mehr diskutiert, weil als Standpunkt nicht mehr aufrechtzuerhalten, wird die früher gängige neo-liberalistische Moderni-
sierungsauffassung (vgl. Fußnote 1), derzufolge im regional-
nationalen wie im internationalen Rahmen der Entwicklung der
Zentren wie der Unterentwicklung der Peripherien "duale" Strukturen zugrundelägen, wobei die zunächst "rückständigen" Teile
durch Innovationsausbreitung ihre "internen" Entwicklungshemm-
nisse abbauen könnten. Dementsprechend wird im folgenden davon
abgesehen, Unterentwicklung (=AV) aus einem Bündel "interner"
Faktoren zu erschließen, die etwa in Form eines Teufelskreises
linear verbunden seien. Andererseits wird auch die in den 70er
Jahren diskutierte These A.G. Franks (FRANK 1969) verworfen,
derzufolge Unterentwicklung der Peripherien als direktes Um-
kehrergebnis der sich historisch-zeitlich parallel herausbildenden Zentrenentwicklung in Westeuropa zu begreifen sei (vgl.
dazu HOBSBAWM 1977, ELSENHANS 1980). Dementsprechend wird auch
nicht länger an der einseitigen Abhängigkeitsthese ("dependen-
cia") festgehalten. Schon die oben angedeutete eigenständige

Entwicklung Europas, für die die Antriebskräfte _im_ Feudalismus
zu suchen sind, für die es einer (real allerdings vorhandenen)
Außenbeeinflussung gar nicht bedurfte, macht deutlich, daß bei
einer UV-Bildung die _internen_ gesellschaftlichen Bedingungen
einer starken Beachtung bedürfen.

Als Ausgangspunkt für eine zu findende Erklärung kann von den
Tatsachen ausgegangen werden,

- daß sich die Prozesse vom _gemeinsamen_ Un-entwickeltsein zu
  peripherer Unter-entwicklung und metropolitaner Entwicklung
  zwar zeitlich überkreuzt haben,

- daß sich in diesem Prozeß lediglich für die Peripherien ka-
  tastrophale Konsequenzen herausgebildet haben, z.B. persi-
  stente Abhängigkeiten, deformierte Ökonomien und Regional-
  strukturen, Entleerung und Zerstörung funktionierender (wenn
  auch keineswegs egalitärer, sondern hierarchischer) Gesell-
  schaftsstrukturen, Marginalisierung breiter Bevölkerungs-
  schichten usw.

- daß die heutigen Peripherien im Zuge der europäischen Kapitalismusentwicklung mit Strukturen versehen wurden, die weitere und vor allem ausgeglichene Wirtschafts-, Sozial- und
  Regionalentwicklung blockierten.

- daß dieser Zustand der Peripherien Ergebnis a) einer aufge-
  zwungenen ungleichen Spezialisierung (früher auf Rohstoffproduktion, heute zusätzlich auf Konsumgüterherstellung) und
  b) der Verhinderung egalitärer Konsumstrukturen ist; demgegenüber mangelt es der aus der Marx'schen Arbeitswertlehre
  erschlossenen These der Unterentwicklung durch Ausbeutung an
  Erklärungskraft: Mehrwertaneignung gibt es in Peripherien,
  aber auch in den Zentren; ungleichen Tausch gibt es zwar,
  dieser _spiegelt_ aber nur oben angedeutete Prozesse, _erklärt_
  sie aber _nicht._

- daß diese Unterentwicklung jedoch keineswegs Bedingung der
  Entwicklung Westeuropas gewesen ist, sondern daß sich hier
  seit dem 16. Jahrhundert die (kapitalistischen) Produktiv-

kräfte eigenständig entwickelt haben und zu keinem Zeitpunkt
- wie frühere Imperialismustheoretiker (BUCHARIN, R. LUXEM-
BURG, LENIN) glaubten - von peripheren Außenmärkten abhängig
waren.

Als Zwischenergebnis kann festgehalten werden:

- Entwicklung und Unterentwicklung vollziehen sich zeitlich
  parallel; beide Prozesse stehen in Zusammenhang mit der Dynamik des sich herausbildenden europäischen Kapitalismus.
  Daraus läßt sich aber Unterentwicklung der "Dritten Welt"
  noch nicht als Entwicklung der "Ersten Welt" bedingende Kehr-
  seite ableiten.

- Kann man bei der Suche nach einer widerspruchsfreien Ursachen-
  erklärung für diese Prozesse bei der Kapitalismusentwicklung
  als der dominierenden Dynamik der betreffenden Zeit ansetzen,
  kann ein Ansatz, der "Imperialismus" oder "Kolonialismus" als
  "Motor" von Unterentwicklung und Entwicklung unterstellt, nur
  ideologischer Natur sein. Denn ein solcher Ansatz blendet
  offensichtlich die internen gesellschaftlichen Bedingungen
  von Produktionsweisen aus (dementsprechend lassen die oben
  gewählten Formulierungen die Antriebskräfte noch bewußt im
  Dunkeln).

Im einzelnen läßt sich nachweisen: Die Entwicklung Europas ist
nicht Ergebnis einer von außen alimentierten "Ursprünglichen
Akkumulation". Diese erfolgt eigenständig und nicht durch die
geraubten Edelmetalle Lateinamerikas. Diese Auffassung begründet
sich nicht etwa aus dem Umstand, daß Spanien und Portugal als
damalige Zentren heute unterentwickelt sind und "nichts aus dem
Gold gemacht" haben - Iberien ist heute eher eine unterent-
wickelte Region. (In gewisser Weise ist Iberien an dem südame-
rikanischen Edelmetallstrom "erstickt": Es erfolgte keine entsprechende Entwicklung der Arbeitsproduktivität, Inflation war
die Konsequenz; das eigene Handwerk, ohnehin bei zunehmender
gesellschaftlicher Ungleichheit auf Luxusbedarf umgelenkt,
konnte mit den relativ billiger werdenden holländischen und
englischen Produkten nicht mehr konkurrieren.) Aber auch von
der geläufigen Ansicht heißt es Abschied zu nehmen, derzufolge

die Reichtümer der Peripherie über Iberien nach Westeuropa
vermittelt worden seien und dort als "ursprüngliche Akkumulation" - so K. MARX - die Industrielle Revolution finanziert
hätten: Die Entwicklung und Durchsetzung des englischen Kapitalismus ist ein eigenständiger Vorgang, zu erklären aus der Situation, sich gegenüber immens reichen Gesellschaften - wie den
durch Lateinamerika aufgepäppelten - behaupten zu müssen (vergleichbar dem Aufstieg Deutschlands und Japans ohne Boden-
schätze, sich dann durch die Entwicklung der Produktivkräfte
gegenüber ressourcenreichen Ländern behaupten zu müssen.). Raub,
Ausplünderung und Ausbeutung erklären noch nicht, wie diese
sich "in die institutionellen Bedingungen der entwickelten
Länder für eine anhaltende Entwicklungsdynamik auf der Grundlage von fortgesetzten Innovationen und Produktivitätsfort-
schritten übersetzt haben sollen" - auch ein aktuelles Problem,
dessen Lösung aus den reichen Ölstaaten erst entwickelte Länder
und nicht Rentnergesellschaften werden ließe (SENGHAAS 1982,
S. 94; vgl. zur Eigenständigkeit europäischer Entwicklung DOBB
1970, HOBSBAWM 1977 Teil I, ELSENHANS 1980, SENGHAAS 1982,
S. 90 ff.). Was für die Industrieländer gilt, muß auch Entwick-
lungsländern unterstellt werden: Wären Imperialismus und Kolonialismus tatsächlich ausreichend als Unterentwicklungserklä-
rung, dürfte nicht die Indienststellung peripherer Gesellschaften, sondern deren Ausrottung den "Regelfall 'Dritte Welt'"
ausmachen. Daher gilt es, die internen Dispositionen gegenüber
den externen Zwängen ins Auge zu fassen und ihre Wirkungsweise
aufeinander zu bestimmen.

4.2 Zur Konkretisierung "interner" und "externer" Verursachung
    von Unterentwicklung und Entwicklung

Die Diskussion über "interne" contra "externe" Faktoren, die
Unterentwicklung verursacht hätten, ist in doppelter Weise be-
lastet: Einmal spiegelt sich hierin auf geistiger Ebene der
Ost-West-Konflikt, erklären östliche Theorien Unterentwicklung
doch als extern determiniert - nämlich durch westlichen Imperialismus -, während im Westen Unterentwicklung meist aus einer
internen Figuration erklärt wird. Mit solchen interessengebun-
denen Erklärungen wird zum anderen die jeweilige Beziehung zur
"Dritten Welt" und die damit verbundene Interessendurchsetzung

legitimiert. Die Dependencia-Forschung hat derart einseitige und schiefe Theorien geradezurücken versucht. Ungeachtet aller Kritik am Dependenzansatz gilt als gesichertes Ergebnis, daß die Abhängigkeit der peripheren Länder nicht als 'externe' (und auch nicht als 'interne'), sondern als strukturelle zu begreifen ist, die sich innerhalb ihres sozioökonomischen Gefüges verankert und reproduziert; daß auch die sog. 'endogenen' Faktoren, auf die die Modernisierungstheorien fixiert sind, wesentlich 'exogen' vermittelt und geprägt sind" (NUSCHELER 1974, S. 203; Einschub WSW). Das bedeutet im Klartext: Exogene Einflüsse wirken auf eine Binnenstruktur, ein "Milieu" ein, formen diese um, bewirken Abhängigkeit ökonomischer und gesellschaftlicher Strukturen, die dann von sich aus eine Wirkungsdynamik entfalten. Dies soll an einem Beispiel illustriert werden:

Im Westafrika des 19. Jahrhunderts konkretisierte sich das "externe" Interesse der Kolonialmächte auf die Umgestaltung der lokalen Ökonomie in eine Gesellschaft, die einerseits Waren für den Weltmarkt produzierte - etwa Erdnüsse und Baumwolle - die andererseits ihren Subsistenzcharakter aufrechterhielt, um die Reproduktionskosten der Arbeitskraft - Kosten der Erziehung und der Alterssicherung - zu übernehmen. Mittel der Erzwingung der Weltmarktproduktion ist die Einführung einer in Geldform zu begleichenden Steuer. Aber nicht allein solche äußeren Zwänge führen zur gewünschten Ausrichtung einer traditionellen Gesellschaft nach kolonialen Bedürfnissen, sondern auch Zwänge, die innerhalb der afrikanischen Sozialstruktur verankert sind: Junge Bauern wollen der Bevormundung der Alten entrinnen, von denen sie hinsichtlich der Frauenvermittlung zum Zwecke einer eigenen Familiengründung abhängig sind. Eigenes Bargeldeinkommen versetzt sie in die Lage, unabhängig von den Alten den Brautpreis aufzubringen. Konnten die Alten früher die Jungen ausbeuten, indem sie den Heiratszeitpunkt ihrer Söhne hinauszögerten (um diese länger für sich selbst arbeiten zu lassen), so bewirkte die Monetarisierung der Heiratsgabe deren Umwandlung in einen Brautpreis. Da die Alten ihn festsetzten und entsprechend dem Preisverfall von cash-crops und dem Preisanstieg notwendig einzukaufender Konsumgüter ständig erhöhten, stieg die Ausbeutungsrate, der die Jungen ausgesetzt waren. Dieses System funktionierte aber nur auf der Voraussetzung, daß die anzubauenden

cash-crops auf dem Weltmarkt nachgefragt wurden. Unterstellt
man einmal, daß eine solche Nachfrage von Dauer ist, berechtigt
dieser Umstand aber noch nicht, auf volkswirtschaftlicher Ebene
von einer imperialistischen Abhängigkeit des erdnußproduzieren-
den Landes gegenüber den Industriestaaten zu sprechen. Denn
auch z.B. in den USA werden Erdnüsse angebaut. Der Aufkäufer
orientiert sich nicht an der "Abhängigkeit", sondern am günstig-
sten Aufkaufpreis. Dieser Preis wird durch die günstigeren Pro-
duktionsvoraussetzungen amerikanischer Farmer - bedingt durch
deren Zugang zu modernster Technologie, zu Krediten usw. -
bestimmt. Unterentwicklung entsteht bzw. setzt sich fort, weil
1. der westafrikanische Bauer mit dem amerikanischen Farmer zu
konkurrieren gezwungen ist, 2. weil der westafrikanische Bauer
nicht einmal den in Amerika bestimmten Weltmarktpreis erhält,
sondern er von lokalen Händler, staatlichen Aufkauforganisa-
tionen und der vermittelnden einheimischen Bürokratie ausgebeu-
tet wird. Diese Ausbeutungsmöglichkeiten sind nach der Dekolo-
nisierung sogar noch verstärkt worden. Solche Abschöpfungsmög-
lichkeiten, die von der einheimischen Bürokratie verantwortet
werden müssen, haben zu einem Festhalten an den kolonialzeit-
lich angelegten entwicklungsblockierenden Strukturen wesentlich
beigetragen.

Eine solche Konstellation läßt sich weder angemessen durch
"Imperialismus" beschreiben noch durch die Trennung von "Exter-
nem" und "Internem" analysieren. Das ursprünglich Externe ist
Bestandteil der Binnenstruktur geworden, des Ökonomie, Gesellschaft und Bewußtsein umgreifenden "internen Milieus". Die geschilderte strukturelle Verankerung darf aber nicht deterministisch verstanden werden. Wird der sicherlich nicht zu unter-
schätzende Außeneinfluß als letzte Instanz für das Schicksal
einer peripheren Gesellschaft gewertet, bleiben innere Gegen-
kräfte unbeachtet, und Imperialismus wird zum Deus ex Machina
(vgl. EICH 1978, HURTIENNE 1974). Dann wird jede Analyse
ahistorisch.

An der faktischen Vernachlässigung des internen Milieus ent-
zündete sich mehr und mehr die Kritik am Dependenzansatz. Daraus
aber die Forderung nach einer Rückkehr zu jenen "internen Ent-
wicklungshemmnissen" abzuleiten, die in den vergangenen Jahr-

zehnten den Traditionsbestand geographischer Forschung aus-
machten - wie z.B. Wirtschaftsgeist, Religion, Südlage, Klima
usw. - hieße, eine neue Fehlentwicklung einzuleiten:

- Aspekte des "internen Milieus" können sich nicht auf bloße
  sozio-kulturelle und geographische Faktoren beschränken.
  Untrennbar, weil dialektisch mit ihnen verbunden sind politische Elemente (wie z.B. gesellschaftliche Strukturen,
  Klassenverhältnisse, Konflikt- und Widerstandspotentiale,
  Reproduktionsverhältnisse). Dementsprechend rückte in den
  letzten Jahren die Subsistenzproduktion, insbesondere die
  intrafamiliären Beziehungen und die geschlechtsspezifische
  Arbeitsteilung als integraler Bestandteil einer klassenana-
  lytisch orientierten Milieuerforschung in den Mittelpunkt
  des Forschungsinteresses (vgl. dazu MEILLASSOUX 1978, Bielefelder Studien zur Entwicklungssoziologie 1979, FETT/HELLER
  1978, JACOBI/NIESS 1980, ELWERT/FETT (Hg) 1982).

4.3 Zum Problem von Komplexität und Differenzierung des Ent-
    wicklungsprozesses

Eine für Geographielehrer zu klärende Frage muß sich auf die
mögliche Individualität und Komplexität von Unterentwicklungs-
prozessen richten. Sind "Strukturelle Abhängigkeit", "Imperialismus" oder "Strukturelle Heterogenität" (d.h. die sektorale,
soziale oder regionale Ausrichtung sog. "traditionaler" auf
"moderne" Strukturen, von Hinterland auf Wachstumspol, von Sub-
sistenz- auf Marktwirtschaft usw.) ausreichende Bestimmungsmo-
mente? Spielt das "Milieu" der betroffenen Länder/Regionen keine
Rolle? Wo bleiben Religionen, Küstenlagen, Bildungsstand, Kul-
turzugehörigkeit, Klima und dergleichen Variablen, die zum Aus-
bildungsbestand von Geographen seit je gehören? In aller Knapp-
heit beantwortet sich die Frage wie folgt:

Dependenz- und Imperialismustheoretiker gehen keineswegs von
einer <u>allenortes</u> und <u>zeitlos, im Ergebnis immer gleichen</u> Unterentwicklung aus. Die in jedem Land konkret vorfindbaren <u>Formen</u>
und <u>Ausprägungen</u> von Unterentwicklung sind Ergebnis einer spezi-
fischen Ursachenkonstellation, in der historisch zu entfaltende

übergreifende Motive eine dialektische Verbindung mit u.U.
einmaligen "internen" Bedingungen eingehen (siehe 4.2).

In einer methodischen Analyse müssen die folgenden Ebenen zueinander in Beziehung gesetzt werden:

☐ Makro-Ebene: Die überwiegend ökonomischen, durch Herrschaftsausübung vermittelten Beziehungen zwischen Metropole und Peripherie und zwischen Zentrum und Peripherie in Ländern der Dritten Welt.

☐ Mikro-Ebene: Die innergesellschaftlichen Mechanismen und Beziehungen vorwiegend sozialer, kultureller und religiöser Art, die von der Einflußnahme seitens der Makro-Ebene betroffen sind

☐ Zeit: Die Etappen der Entfaltung und Durchsetzung des metropolitanen Kapitalismus vom 15.-20. Jahrhundert

☐ Raum: Die räumlich differenzierenden Einflußgrößen wie natürliche und sozio-kulturelle Verhältnisse, Lagebeziehungen in ihrer Bedeutung für die jeweiligen Produktionsweisen.

Die Verschränkung der genannten Ebenen erfolgt als Bewegungsprozeß: (vgl. ausführlich zu diesem Problem: SCHMIDT-WULFFEN 1982 b)

			historische Analyse	Entwicklung des Metropolitanen Kapitalismus ("Entwicklung")	Entwicklung des Peripheren Kapitalismus ("Unterentwicklung")
MAKRO-EBENE ("externes Milieu")	:	Externe Einflüsse aus ihren gesellschaftlichen Bedingungen in ihrer Wirkung auf die Binnenstruktur peripherer Gesellschaften	Objektive Momente der Geschichte des Menschen		
MIKRO-EBENE ("internes Milieu")	:	Interne gesellschaftliche Konstellationen in ihrer Verarbeitungskapazität externer Pressionen und ihrer Rückwirkung auf diese	Subjektive Momente der Geschichte des Menschen		
Graphisch modifizierende Daten	:	Interne Strukturen (geogr. Faktoren wie Lage, natürl. Bedingungen, Bevölkerung und ihre Verteilung Ressourcen usw.) als Modifikatoren im Entwicklungsprozeß	in ihrer Bedeutung für die jeweilige Produktionsweise		

Bewegungsrichtungen:

MAKRO-/ MIKRO-Ebene

Bewegungsrichtungen

in der Zeit (15.-20.Jh.)

Bewegungsrichtungen: im Raum

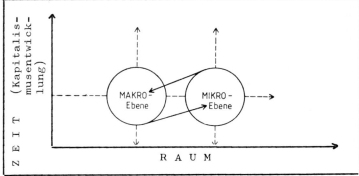

Innerhalb der Ordination variieren Entwicklungsfälle (MAKRO- zu MIKRO-Ebene in bezug auf den Raum). Die Typisierung erfolgt anhand der Etappen der Kapitalismusentwicklung. Hierfür stellt die Zeitkomponente die entscheidende Größe dar.

Alle denkbaren Entwicklungsfälle lassen sich nun klären, indem Makro- und Mikro-Ebene in bezug auf Zeit und Raum als (dialektische) Einflußgrößen zueinander in Beziehung gebracht werden. Die notwendige Typisierung läßt sich (und hierin drückt sich der Gewinn der neueren Entwicklungstheorien gegenüber den ahistorischen, zustandsbeschreibenden am deutlichsten aus) nur über die historische Differenzierung in Entwicklungsetappen des Kapitalismus erreichen.

Die räumliche Dimension ist hingegen keine eigene; räumliche Daten und Fakten sind immanenter Bestandteil sowohl der Makro- wie der Mikro-Ebene.

5. Zur Vermittlungsproblematik

Aufgabe des Geographieunterrichtes kann nicht sein, Entwicklungstheorien zu vermitteln. Das erscheint grundsätzlich nicht sinnvoll und würde infolge des Abstraktheitsgrades mehr Schüler aus einem sinnvollen Erkenntnisprozeß ausschalten als diesem zuführen. Gleichwohl sollte der Lehrer Entwicklungstheorien überblicksmäßig kennen, da sie zur Gewinnung eines kategorialen (UV-)Rahmens unverzichtbar erscheinen. - Aufgabe des Geographieunterrichtes sollte auch nicht sein, sich auf Herauspräparierung des internen Milieus zu beschränken, da die je fragliche zeitliche oder regionale Konstellation gar nicht ohne entsprechende UVs in Zusammenhänge gestellt werden können. Somit ist es auch nicht genügend, selbst aus gut gemeinter Absicht, "das Geographische an sich" in Blick auf eine "Synthese" im Geschichts- oder Gemeinschaftskundeunterricht zu erarbeiten. Aller Erfahrung nach findet eine solche Synthese nicht statt. Der Geographielehrer sollte sich stattdessen darum bemühen, ein UV-AV geleitetes Grundverständnis von Entwicklung/Unterentwicklung anzulegen.

Thematisch könnte sich als sinnvoll erweisen:
- Die Genese von Entwicklung und Unterentwicklung als Zentrum/ Peripherie-Zusammenhang

- Räumliche Strukturen, die von ihren Auswirkungen her ihre Veränderung politisch erfordern

- Mechanismen, die die Verewigung der Unterentwicklung bewirken
  könnten.

Raumbezogene Strukturen der Unterentwicklung und Entwicklung,
die zu analysieren wohl das besondere Metier des Geographen
sozialwissenschaftlicher Orientierung bleiben wird, bedürfen
flankierend der Kenntnis ihrer gesellschaftlichen Rahmenbedingungen. Die Diskussion um die drängende Frage nach Hilfe und
Abhilfe bedarf der Erörterung der derzeit wirkenden Formen in-
teressenbezogener Einflußnahme seitens der Zentren, die einer
Veränderung im Wege stehen. Dies gilt natürlich auch für entsprechend wirkende interne Verhältnisse in den Peripherien
(wie z.B. Schichtungs- und Herrschaftsstrukturen, Aneignungs-
formen und Widerstandsmöglichkeiten). Diese - an sich inter-
disziplinäre Verklammerung macht deutlich: so etwas wie "geographische Fragestellungen an sich" kann es nicht geben; es
gibt nur Teilprobleme aus einem größeren Problembereich, an
dessen Analyse und Aufarbeitung die verschiedensten sozialwissenschaftlichen Disziplinen auf der Basis gleicher Theorien und
Begrifflichkeiten beteiligt sind, innerhalb dessen Geographen
"raumbezogene Konsequenzen" - als AV der Geographie - bearbei-
ten. Einer solchen Herausforderung, die sich dem Geographielehrer stellt, kann dieser bei dem symptomatischen Hinterher-
hinken von Schulbüchern nur gerecht werden, wenn er die Ergebnisse der Entwicklungsforschung überblicksmäßig erfaßt und in
ihren Grundzügen zu strukturieren weiß, und das erfordert:
Kenntnisse von Fragestellungen und Ergebnissen über die eigenen
Fachgrenzen hinaus.

Mit der Eingrenzung von Themen innerhalb des gesamten Problem-
feldes ist es aber nicht getan. Für den Lehrer beginnen u.U.
jetzt erst die Schwierigkeiten. Kaum ein anderes Gebiet des
Unterrichts hat so viele Überlegungen auf sich vereinigt, wie
Schülern der Zugang zu solchen Problemen zu erleichtern sei.
Offensichtlich läßt sich das Problemfeld Unterentwicklung und
Entwicklung in der hier skizzierten kritischen Variante nicht
so einfach unterrichten wie etwa Alpengletscher oder die funktionale Gliederung Wiens. Schwierigkeiten, die sich dem "einfach unterrichten" in den Weg stellen, ergeben sich aus dem
Zugang der Schüler zu "Dritte Welt"-Problemen:

Es gilt ja nicht nur, eine geographische Distanz zu verringern, sondern auch eine affektive, eine soziale. Viele Schüler machen kein Hehl aus ihrer Haltung, "sich einen Dreck um die Kanaken zu scheren". Dabei geht es weniger um ein Vorurteils- als ein Motivationsproblem.

Eine Durchsicht der didaktischen Literatur (zumeist die der Nachbarfächer der Geographie) fördert eine Vielzahl von Angeboten zutage, wie man verfahren sollte. Einige der entsprechenden Arbeiten spiegeln die Zweifel an der Möglichkeit, die Distanz zwischen Schülern und Dritter Welt überhaupt überbrücken zu können. Andere Arbeiten versuchen die bestehende Unsicherheit durch proklamierte Erfolgsrezepte zu kaschieren. Wie dem auch sei - an dieser Stelle muß auch berücksichtigt werden, daß jeder, der über ein solches Problem schreibt - der Autor dieses Beitrages eingeschlossen - auch seine eigenen Probleme und Mißerfolgs/Erfolgserfahrungen einfließen läßt und u.U. sich nur auf diese bezieht und damit der Gefahr der unzulässigen Verallgemeinerung erliegt.

Die Vorschläge und die mit ihnen kritisch zu verknüpfenden Problemaspekte können auf diesem knappen Raum nur angerissen werden; sie sollten in der Lehrerbildung und -fortbildung eingehender diskutiert werden: [2]

1. Wahrgenommene Konflikte im Umfeld des Schülers sollen als Ansatzpunkt einer Auseinandersetzung mit Problemen der Dritten Welt dienen. Es sei hinzulenken auf gesellschaftliche Widersprüche (PREUSS-LAUSITZ 1973).

   Bedenken: Von der Sache her scheint eine politisch analysierende und infolgedessen Stellung beziehende Klärung von

---

[2] Die hier nachfolgend skizzierten Probleme sind von mir schon an anderen Orten mehrfach dargestellt worden: In knapper Form in der Geographischen Rundschau 4/1979 und in "Metzlers Handbuch des Geographieunterrichts (hgg. v. JANDER/SCHRAMKE/ WENZEL, Stuttgart 1982) sowie in ausführlicher Form in meiner Habilitationsschrift "Entwicklung Europas - Unterentwicklung Afrikas", Bd. 2, Urbs et Regio Bd. 25/1981.

Entwicklungsfragen unverzichtbar. Einerseits kann dies Verfahren den Lehrer in Schwierigkeiten bringen. Es kann gegen ihn argumentiert werden, um so mehr provozieren wir sie auch" zu sehen versucht wird, umso mehr provozieren wir sie auch" (KÜPPERS 1976). Zwar kann sich der Lehrer darauf zurückziehen, daß keine Konflikte "herbeigeredet" werden können, die nicht schon erfahrbar in der Sache selbst liegen (vgl. JUNG 1976), daß es vielmehr um Bewältigung bestehender Konflikte gehe, um Konfliktfähigkeit (vgl. FILIPP 1978), aber dennoch: Für Schüler eignen sich Konfliktstrategien vermutlich weniger, weil diese unvermeidlich in einen Identitätskonflikt geraten, und statt Widerstand und Nachdenken werden gut gemeinte Ansätze abgewehrt (spätestens dann, wenn der Lehrer die Klasse verlassen hat), weil das kritische Neue "auf tief verwurzelte Loyalitätsgefühle gegenüber dem eigenen politischen System stößt" (vgl. NYSSEN 1973).

2. Häufig werden Aktionen - so das Herstellen und Verteilen von Flugblättern, Aufbau von Informationsständen in der Stadt usw. vorgeschlagen - es wird von einem Engagement der Schüler ausgegangen, das in der Hoffnung auf das Erlebnis einer selbst veranlaßten gesellschaftlichen Veränderung im Mikro-Bereich gipfelt (vgl. ein solches Muster bei SIEG 1975).

Bedenken: Abgesehen von der Manipulationsgefahr gegenüber Unmündigen wird hier als Ausgangspunkt mit dem argumentiert, was eigentlich erst Ergebnis sein kann: Engagement. Wird ein solches zu erzeugen für nötig gehalten - weil es anscheinend nicht vorhanden ist - so müßte es am Anfang der Aktion ganz anders begründet werden. Dann leitet es sich wohl eher durch diese andere Art von Unterricht her: Aktion statt der üblichen langweiligen Arbeitsblätter, Selbsttun statt "Berieseltwerden". Daneben sollte man sich keine falschen Hoffnungen machen: Die durch eine solche Aktion Angesprochenen werden in der Regel auf ihre Teilhabe an der Ausbeutung der Dritten Welt aufmerksam. Wer schaltet da nicht auf Abwehrkurs? Wer würde denn schon als einzelner nur aus Gerechtigkeitsempfinden teureren Kaffee oder Bananen kaufen, wenn man mit dem Groschen knausern muß?
(vgl. dazu GRONEMEYER/GRONEMEYER 1975).

3. Ähnliches gilt, soll von Parteilichkeit hinsichtlich Verursachung, Schaden und Nutzen von Unterentwicklung ausgegangen
werden: Die Schüler sollen "sich selbst als Nutznießer, Erben
und Opfer von Fremdbestimmung begreifen" (MEUELER in IHDE
1974).

Bedenken: Verantwortlichkeiten dürfen in der Tat nicht ver-
schleiert werden; aber emotional gesteuerte Vermittlung erscheint auch nicht gerade als überzeugender Ersatz. Didaktisch fruchtbar wäre nicht, daß Unterentwicklung..., sondern
in welchem Maße, aus welchen historischen und ökonomischen
Bedingungen verständlich usw.

4. Solidarität: "Bereitschaft, sich für die Interessen benach-
teiligter Gruppen und Völker in der heutigen Welt einzu-
setzen" (SCHREIBER/SUTOR 1976).

Bedenken: Diese Formel ist allzu unverbindlich. Richtet sich
die Solidarität gegen die Interessen der bestimmenden Gruppen
in den Industrieländern oder verbindet sie sich mit ihnen?
Oder wird der Schüler gar auf dem "goldenen Mittelweg" im
Sinne einer vordergründigen Pluralismusforderung an den
Lehrer gezwungen nach dem Motto: zwar...aber oder einerseits...andererseits? Einer Solidarisierung des Schülers mit
einem ominösen Pendent in Afrika stehen entgegen: Eine ver-
gleichbare Benachteiligung des Schülers mit den Armen der
Peripherie besteht nicht. Solidarität unter Ungleichen ist
aber ein Unding; das ist bestenfalls Mitleid. Ist Mitgefühl
eine tragfähige Basis? Ferner: In der konkurrenzorientierten
Gesellschaft ist eine Entscheidung gegen materielle Eigen-
interessen kaum möglich, und sozialer Aufstieg in unserer
Gesellschaft - der in einer Situation von Lehr- und Arbeits-
stellenverknappung in Frage gestellt ist, vollzieht sich nun
einmal in Anpassung an den herrschenden Gesellschaftstrend.
Anpassung ist der Garant des Aufstiegs. Und letztlich: Solidarität kann nicht Ausgangspunkt eines Lernprozesses sein,
allenfalls ein Ergebnis.

Die Vielzahl von Vorschlägen/Angeboten, wie verfahren werden
könnte, ein angenommenes Desinteresse von Schülern und eine aus

Identitätskonflikten resultierende Abwehrhaltung zu überwinden, könnte nachdenklich machen: Gibt es irgendeinen anderen Unterrichtsgegenstand, der ein gleiches Ausmaß an Überlegungen auf sich konzentriert hat? Es gibt "trockene" und es gibt "intime" Lehrinhalte, bei denen der Lehrer auch nicht "automatisch ankommt". Die Vielzahl von Vorschlägen zeugt von Unsicherheit: Genügt ein Vorschlag nicht, zeugt die Vielzahl wohl von der Schwierigkeit, daß überhaupt einer "greift". Vielleicht hilft aus der Situation der Unsicherheit (die auch mich betrifft) eine simple Überlegung weiter. Vielleicht sollte man dieses Thema wie eines neben anderen nehmen, Unterentwicklung neben und nicht herausgehoben von Gletschern oder funktionalen Stadtvierteln. Vielleicht liegt das Problem nicht so sehr beim Schüler sondern beim Lehrer: daß dieser voller Überzeugung als begeisterter Bergsteiger bei Schülern Spaß und Interesse an Gletschern zu erzeugen vermag, daß es ihm aber an Überzeugungskraft fehlt, Probleme engagiert anzugehen, die mit persönlichen Konsequenzen verbunden sind, die obendrein den Lehrer vor seinen Schülern in die mißliche Lage bringen können, daß die von ihm gesetzten oder unterstellten Ansprüche ihn in Widerspruch bringen zu eigenen Verhaltensweisen bei strukturell vergleichbaren Problemen. Vielleicht helfen hier einige neuere Unterrichtskonzepte weiter. Diesen ist gemeinsam, daß sie vom Schüler als "ernst zu nehmendem vernünftigem Wesen" ausgehen, das "denken und handeln kann und sich selbst steuern will" (GRELL 1979).

An dieser Stelle kann nicht mehr geschehen als auf diese Konzepte hinzuweisen:

- GRELL geht von einem Verständnis von Lernen aus, welches Schule und Lerninhalten unterstellt, nicht von vornherein uninteressant zu sein, wenn Lerninhalte von engagierten Lehrern offen und offensiv vertreten würden. Bei einer zwar vom Lehrer strukturierten aber vor Schülern begründeten und von diesen u.U. moderierten Planung werde für Schüler einsehbar, was sie wie und warum für welchen eigenen Nutzen lernen sollen.

- H. MEYER akzentuiert darüber hinaus in seinem Konzept handlungsorientierten Unterrichtes den Gebrauchswert des zu Lernenden. Indem der Lehrer den Schülern Lernangebote machte, bei

denen sie "mit Kopf, Herz, Händen, Füßen und allen Sinnen"
(PESTALOZZI) arbeiteten, würden Handlungsergebnisse entstehen,
die einen sinnvollen Gebrauchswert für Schüler hätten (MEYER
1980, S. 211).

- I. SCHELLER schließlich erweitert eine solche Lernweise um
den Aspekt der Alltags- und Erfahrungsorientierung. Danach
dürfe Lernen nicht zu einer "Prothese für kognitive Operationen
werden", das sich auf die Durchsetzung "wissenschaftlicher Bedeutungen und Begriffe gegenüber (der Mißachtung WSW) lebensge-
schichtlich erworbener subjektiver Bedeutungen ... der Schüler"
beschränkt, wobei letztere "nicht nur nicht aufgegriffen, sondern diffamiert, unterdrückt, totgeschwiegen oder isoliert"
werden (SCHELLER 1980, S. 70).

Ansatzpunkt eines Einbezuges solcher Ansätze in das eigene didaktische Handeln ist nicht mehr länger das Formulieren und
"Umsetzen von Lernzielen als geronnener fachwissenschaftlicher
Struktur", Ausgangspunkt bilden vielmehr Fragen, die der Lehrer
an sich selbst stellt wie diese:

- Was können Schüler praktisch tun?

- Welche Verfahren kann ich Schülern anbieten, die ermöglichen,
  allein oder in Gruppen Erfahrungen mit sich, mit Gegenständen,
  Beziehungen und Ideen zu machen?

- Wie kann ich Anlässe zur Konstruktion von Erfahrungen schaffen?

- Welche Lernsituationen kann ich Schülern vorschlagen, damit
  sie Informationen selbstgesteuert verarbeiten können?

Literatur

Die im Text als Einführungsliteratur vollständig zitierten Arbeiten werden an dieser Stelle nicht noch einmal aufgenommen.

AMIN, S. (1975)   : Die ungleiche Entwicklung, Hamburg

Bielefelder Studien zur Entwicklungssoziologie, Bd. 5, (1979):
                                     Subsistenzproduktion und Akkumulation

DOBB, M. (1970)   : Die Entwicklung des Kapitalismus, Köln/Berlin

DÜRR, H. (1979)   : Für eine offene Geographie - gegen eine Geographie im Elfenbeinturm, Karlsruher Manuskripte zur Mathematischen und Theoretischen Wirtschafts- und Sozialgeographie, Nr. 36

EICH, D. (1978)   : Die "Dependencia-Theorie" - Zwischen ihrem historischen Anspruch und der gesellschaftlichen Realität, In: Studien zu Imperialismus, Abhängigkeit, Befreiung, H. 4, S. 43 ff.

ELSENHANS, H. (1980)   : Geschichte und Ökonomie der europäischen Welteroberung, Frankfurt/New York

ELWERT, G./FETT, R. (1982):   (Hg). Afrika zwischen Subsistenzökonomie und Imperialismus. Frankfurt a.M./New York

ENGELHARD, K. (1978)   : Entwicklungsländerprobleme im Geographieunterricht der Sekundarstufe I und II. Beiheft zur Geographischen Rundschau 8, H. 3, S. 98ff.

FETT, R./HELLER, E. (1978):   "Zwei Frauen sind zuviel". Bielefelder Studien zur Entwicklungssoziologie, Bd. 2, Saarbrücken

FILIPP, K.H. (1978)   : Geographie und Erziehung - zur erziehungswissenschaftlichen Grundlegung der Geographiedidaktik, München

FRANK, A.G. (1969)   : Kapitalismus und Unterentwicklung in Lateinamerika, Frankfurt

FRANK, A.G. (1980)   : Abhängige Akkumulation und Unterentwicklung, Frankfurt

GRELL, J. u. M. (1979)   : Unterrichtsrezepte, München/Wien

GRONEMEYER, M.u.R. (1975) : Authentizität gegen Industriekultur - neue Ausgangspunkte entwicklungspolitischer Aufklärung, In: Vorgänge, Nr. 17, S. 84 ff.

HENTIG, H. v. (1970) : Systemzwang und Selbstbestimmung, Stuttgart

HURTIENNE, T. (1974) : Zur Ideologiekritik der lateinamerikanischen Theorien der Unterentwicklung und Abhängigkeit, In: Prokla 14/15, S. 213 ff.

IHDE, G. (1974) : Die dritte Welt in einem neuen geographischen Curriculum, Geographische Rundschau 26, H. 3

JACOBI, C./NIESS,T. (1980): Hausfrauen, Bauern, Marginalisierte: Überlebensproduktion in "Erster" und "Dritter" Welt. Bielefelder Studien zur Entwicklungssoziologie, Bd. 10, Saarbrücken

JUNG, H.W. (1976) : "Entwicklungspsychologie" - Entwicklungsideologie oder Politische Bildung? In: Westermanns Pädagogische Beiträge, H. 5

KÜPPERS, W. (1976) : Zur Psychologie des politischen Unterrichts, Westermanns Pädagogische Beiträge, H. 2

KRAFFT, D./WILKE,F. (1980): Wirtschaft 5: Internationale Wirtschaftsbeziehungen, Informationen zur Politischen Bildung Nr. 183

MEILLASSOUX, C. (1978) : "Die wilden Früchte der Frau" - über häusliche Reproduktion und kapitalistische Wirtschaft, Frankfurt a.M.

MEYER, H. (1980) : Leitfaden zur Unterrichtsvorbereitung. Königstein/Ts.

NUSCHELER, F. (1975) : Bankrott der Modernisierungstheorien? In: Nohlen, D./Nuscheler, F. (Hrsg): Handbuch der Dritten Welt, Bd. 1: Theorien, S. 195 ff.

NYSSEN, F. (1973) : Kinder und Politik, In: Politische Bildung - Politische Sozialisation, Beltz, Weinheim, S. 43 ff.

PREUSS-LAUSITZ, U. (1973) : Vom angepaßten Kind zum linken Schüler, In: Politische Bildung - politische Sozialisation, Weinheim, S. 114 ff.

SCHELLER, I. (1980)   : Erfahrungsbezogener Unterricht.
                             Zentrum f. Pädagogische Berufspraxis,
                             Oldenburg

SCHMIDT, A. (1978)   : Der Begriff der Natur in der Lehre
                             von Marx

SCHMIDT-WULFFEN,W.(1979): Theorien der Unterentwicklung contra
                             "Entwicklungsländerprobleme", In:
                             Geographische Rundschau 4, S. 143 ff.

SCHMIDT-WULFFEN,W.(1981): Entwicklung Europas - Unterentwick-
                             lung Afrikas - Zur historischen und
                             geographischen Grundlegung sozialer
                             und räumlicher Disparitäten und ihrer
                             unterrichtlichen Realisierung, Kassel

SCHMIDT-WULFFEN,W.(1982a): Unterentwicklung/Dritte Welt. In:
                             Metzlers Handbuch für den Geographie-
                             unterricht, hgg. v. Jander, L/Schram-
                             ke, W./Wenzel, H. Stuttgart, S. 494ff.

SCHMIDT-WULFFEN,W.(1982b): Individualisierung oder Typisierung?
                             Zum Prozeß des exemplarischen Lernens
                             von Unterentwicklungs- und Entwick-
                             lungsprozessen. In: Geographie im
                             Unterricht H. 7, S. 275 ff.

SCHMIDT-WULFFEN,W.(1983): Traditionen im Widerspruch: Verfor-
                             mung-Wiederbelebung-Auflösung. An
                             afrikanischen Beispielen. In: Praxis
                             Geographie

SCHREIBER, J./   : Thesen zum Lernbereich Dritte Welt.
SUTOR, B. (1976)   In: Zur Methodik des Lernbereichs
                             Dritte Welt, Bonn, S. 129 ff.

SENGHAAS, D. (1977)   : Weltwirtschaftsordnung und Entwick-
                             lungspolitik, Frankfurt a.M.

SENGHAAS, D. (1982)   : Von Europa lernen? Frankfurt a.M.

SIEG, M. (1975)   : Musa Paradisiaca - die saure Ge-
                             schichte von der süßen Banane,
                             Stein/Nürnberg

FASS OHNE BODEN? MÖGLICHKEITEN UND GRENZEN DER ENTWICKLUNGS-HILFE IM AIR-GEBIRGE (REPUBLIK NIGER)

Von Karl Taubert

1. Einleitung

"Wasser ist Leben, Milch ist Nahrung, Tee ist Vergnügen", sagt eine Lebensweisheit der Tuareg. In ihr Weltbild eingeschlossen ist auch, daß immer wieder eine Dürre kommt, die Vieh und Menschen dahinrafft. Danach hat die Natur Gelegenheit, sich zu erholen, und dann erholen sich auch Mensch und Tier. In diesem Kreislauf sterben einzelne Menschen, aber das Volk der Tuareg überlebt.

Die Europäer waren es, die (1973 zum erstenmal) diesen gnadenlosen, aber lebensfähigen Zyklus nicht mehr mitansehen konnten. Sie halfen den Tuareg und den anderen Sahelvölkern‚durch die Dürre zu kommen, und da sie die Mittel dazu hatten, mußten sie es auch tun. Die Folge ist aber, daß Mensch und Tier sich nach der Dürre viel rascher wieder erholten, viel rascher zu einer Belastung für die Umwelt, zu einer Bedrohung für das ökologische Gleichgewicht wurden. Wenn nun aber den Experten als Antwort auf diese neue Situation nichts Besseres einfällt, als ein System zu untergraben, das den Nomaden des Sahel immerhin während vieler Jahrhunderte eine Existenz gesichert hat, dann sollten sie es besser die Finger davon lassen. Dann sollten sie es den Nomaden überlassen, sich an die sich verändernden Bedingungen anzupassen.

Dieser Gedankengang aus einem von dem Journalisten A.BÄNZINGER verfaßten Zeitungsartikel (Frankfurter Rundschau vom 25.9.1982), den er inhaltlich unverändert in mehreren anderen Publikationen drucken ließ, sollte nicht ohne Widerspruch bleiben, drückt er doch in meinen Augen die zunehmend verbreitete Meinung aus, alles sich selbst zu überlassen. Auch wenn man die mehr als inhumane Aussage "sterben einzelne Menschen, aber das Volk überlebt" billigen mag - es ist heute gar nicht mehr möglich, eine Art "Käseglocke" über noch überwiegend traditionell geprägte Räume zu stülpen. Denn dann müßte man folgerichtig auch die zutiefst feudalistisch geprägte Stammesstruktur der Tuareg wiederherstellen mit den verschiedenen Statusgruppen, nicht zuletzt mit einer Unzahl von rechtlosen Negersklaven. Man müßte ihnen erlauben, wie früher in Notzeiten, die ungeschützten Siedlungen der seßhaften Hirsebauern zu überfallen und zu plündern, auch da für die "Reduzierung" der Bevölkerung zu sorgen.

Man müßte die ärztliche Versorgung rückgängig machen, sämtliche
staatlichen Dienste zurücknehmen, die Schulen schließen. Kurzum:
die Bedingungen der Vorkolonialzeit herstellen - eine völlig
absurde Vorstellung.

Abb. 1   Lagebeziehungen im Departement Agadez

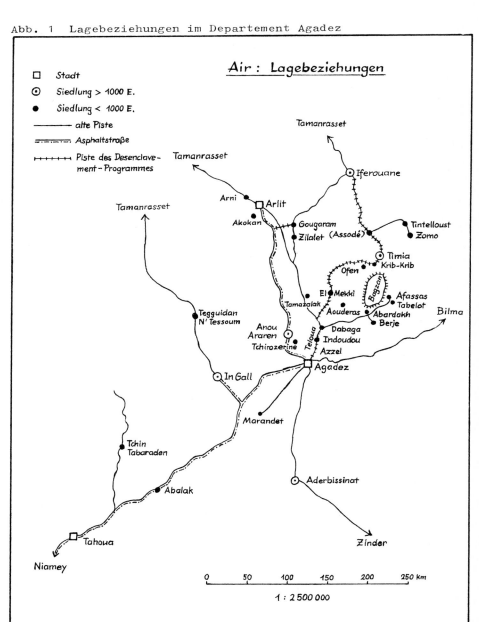

Wie ist es jedoch möglich, die Tuareg vor der nächsten Dürre, die mit Sicherheit kommen wird, so zu fördern, daß eine ähnliche Katastrophe vermieden wird? Dazu ist es erforderlich, die Situation der Bevölkerung vor der Dürre darzustellen, die Folgen der Jahre 1969 - 74 zu verdeutlichen, dann die kurzfristig durchgeführten internationalen Hilfsprogramme zu schildern - auch die deutschen Projekte vorzustellen, und zum Schluß auf die Zukunftsperspektiven einzugehen.

2. Situation im Air vor der Dürrekatastrophe

Wie der deutsche Afrikaforscher H. BARTH berichtet, war um die Mitte des vorigen Jahrhunderts das Air-Gebirge noch durchsetzt von größeren Siedlungen, auf deren Ruinen man heute allenthalben stößt. Basis der Tuareg-Wirtschaft waren Viehzucht und Karawanenhandel, aber offensichtlich bei den damals herrschenden etwas besseren Klimabedingungen auch noch stellenweise Anbau von Hirse im Regenfeldbau. Ergänzt wurde diese Wirtschaft in schlechten Jahren durch "razzias" in die Gebiete der seßhaften Haussabauern; außerdem galten die Stämme des Air als gefürchtete Karawanenräuber und Sklavenjäger, die außerdem an den Transsahara-Handelsstraßen ihre Zwangsabgaben erpreßten. Der feudalistisch-hierarchische Stammesaufbau beruhte im wesentlichen auf der Ausnutzung der schwarzen Sklaven, die alle verachteten Handarbeiten verrichten mußten.

Offensichtlich bedeckten - wie noch heute vereinzelt - dichte Galeriewälder die weiten Täler, die während der Regenzeit im Sommer von Abflußspitzen mit Oberflächenwasser angefüllt wurden. Sie flossen nur Stunden, höchstens wenige Tage, aber reicherten wie heute regelmäßig das Grundwasser an, so daß überall ganzjährig wasserführende Brunnen gegraben werden konnten. Das Besitzrecht bedingte, daß nur Viehherden der Brunneneigner getränkt werden durften, so daß die Herden zahlenmäßig sehr kontingentiert waren und somit die ökologischen Verhältnisse nicht beeinträchtigt wurden.

Zu Beginn der französischen Kolonialzeit veränderten sich diese Merkmale einer traditionellen Kultur kaum. Zwar wurde nominell die Sklaverei abgeschafft, aber an der äußersten Peripherie des

späteren Staates Niger hatte die französische Militärmacht kaum
Einfluß. Die Grenzen blieben durchlässig, der Karawanenhandel
florierte weiter, u.a. der Salzhandel in Bilma; jedoch verhinderten die französischen Militärs in zunehmendem Maße die Über-
fälle auf Karawanen und die Hirsegebiete im Süden. Die Brunnen
wurden Allgemeingut und damit zugänglich für jedermann; Steuern
wurden erhoben, und zwar als Kopf- und Viehsteuer. Die früher
grassierenden Seuchen wurden durch Impfaktionen eingedämmt, die
ersten Schulen eingerichtet, z.B. in Agadez.

Als Folge dieser Eingriffe von außen ergaben sich zwei wichtige
Konsequenzen: um 1900 legten die Tuareg die ersten Bewässerungs-
gärten an, wahrscheinlich initiiert durch Beobachtungen der
Mekkapilger im Orient, und die Zahl der Tiere in den Herden
stieg an. 1917, gegen Ende des 1. Weltkrieges, brach ein großer
Tuareg-Aufstand gegen die Franzosen aus, der aber blutig nie-
dergeschlagen wurde und eine rigorose Umsiedlungsaktion im gesamten Air nach sich zog. Die Verluste an Menschen und Tieren
egalisierten den natürlichen Bevölkerungszuwachs und auch den
der Herden: der Gleichgewichtszustand zwischen Landnutzung und
ökologischen Rahmenbedingungen war wiederhergestellt, zumal
eine verheerende Dürrekatastrophe um 1915 schlimme Verluste an
Menschen und Tieren - damals unbemerkt von der Weltöffentlich-
keit - hervorgerufen hatte.

Seit diesen Ereignissen konnte sich offenbar die gesamte Vegetation wieder erholen, denn nach heute noch lebenden zuverläs-
sigen Augenzeugen waren die Täler des Air nach dem 2. Weltkrieg
wieder oder noch immer dicht bewaldet, so daß mit Pferden oftmals kein Durchkommen war. Durch Einführung des LKW als Massen-
transportmittel war der Transsaharahandel mit Kamelen praktisch zum Erliegen gekommen, während in jedem Jahr noch einige
10.000 Kamele nach Bilma zogen und durch den Verkauf bzw. Tausch
von Salz im südlichen Haussaland gegen Hirse dieses Grundnah-
rungsmittel auch im Air verfügbar machten.Der wachsende Bevölke-
rungsdruck - die Zuwachsrate lag wahrscheinlich wie heute bei
etwa 3,5 % im Jahr - bedingte jedoch eine weitere Diversifizierung der Wirtschaftsgrundlage: neben Viehzucht, Salzkara-
wanenhandel und Gartenbau kam es immer häufiger vor, daß sich
Tuareg als Wanderarbeiter im Ausland verdingten. Bedingt durch

Pilgerreisen nach Mekka, reichten traditionelle Verbindungen
nach Nordafrika, insbesondere Libyen, aber auch in die Arbeit
versprechenden Küstenländer im Süden. Dabei ist es wichtig, an
dieser Stelle deutlich zu machen, daß die Risikostreuung sich
innerhalb der - stark matriarchalisch geprägten - Großfamilie
vollzog: aus einer Familie heraus konnten alle aufgezeigten
Wirtschaftssparten ausgefüllt werden. Zudem trat neben die traditionell von Männern betriebene Großviehzucht (Kamele, Rinder,
Pferde) von jeher die ausschließlich durch Frauen ausgeübte
Haltung von Kleinvieh (Schafen, Ziegen) in nicht zu weiter Entfernung von den quasistationären Siedlungen, die wirtschaftlich
große Bedeutung hatte und hat. Mit Hilfe dieser ausgeprägten
Verbundwirtschaft war es durchaus möglich, die Klimavariabilität
zu ertragen.

Abb. 2   Entwicklung und Prognose der Herdenzahlen von 1968 - 85

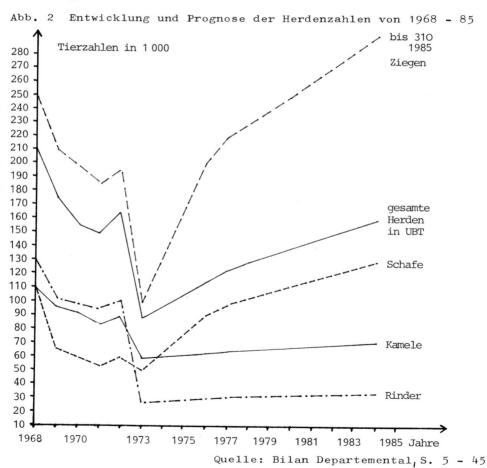

Quelle: Bilan Departemental, S. 5 - 45

3. Die Lage nach der Dürre

Die durch Massenmedien hinlänglich dargestellte klimatische
Dürre 1968 - 1974 veränderte die im ganzen doch stabile Situation im Air völlig. Zwar kam es nicht zu totalen Wüstungen wie
in anderen Regionen des Sahel (vgl. z.B. IBRAHIM 1978), aber
die Folgen waren dennoch schrecklich:

3.1 Durch die anhaltende Trockenheit ging ein Großteil der
Vegetation ohne menschliche Einflüsse zugrunde. Im Gegensatz zu
den Ackerbaugebieten an der agronomischen Trockengrenze (ca.
350 mm Jahresniederschlag), in denen 2/3 bis 3/4 der Vegetation
durch den Menschen selbst vernichtet wurde, sind im Air nach
eigenen Beobachtungen und Befragungen (1977 und 1978) ca. 2/3
der natürlichen Busch- und Baumbestockung aufgrund der Trockenheit eingegangen, nur ca. 1/3 wurden von Menschen vernichtet,
in erster Linie, um Futter für Vieh zu erlangen.

3.2 Der Grundwasserspiegel sank so stark ab, daß es nicht mehr
möglich war, die Gartenwirtschaft aufrechtzuerhalten: Brunnen-
tiefen von mehr als 25 m bei stark eingeschränkter Wasserspende
verhinderten eine vertretbare Bewässerung, zumal die im Air fast
ausschließlich genutzten Ochsen bald wegen Futtermangel ver-
endeten.

3.3 Die Viehherden wurden schwerwiegend dezimiert, obwohl die
Zahlen mit Vorsicht gesehen werden sollten. Wie Abb. 2 zeigt,
treten die größten Verluste (87 % des Bestandes) bei den Rindern
auf, die fast vollständig vernichtet wurden, während die ge-
ringsten Verluste die Kamele (51 %) betreffen, da viele noch
rechtzeitig - begünstigt durch traditionelle Kontakte mit dem
südlichen Haussaland - in die rettende Trockensavanne getrieben
worden waren. Bei Schafen lag die Verlustquote bei 60 %, bei
Ziegen bei 55 %. Umgerechnet auf UTB (= Großvieheinheiten)
gingen 2/3 des Bestandes zugrunde.

3.4 Der Salzhandel von Bilma aus kam praktisch zum Erliegen,
aber nicht, weil kein Bedarf mehr für Salz im Süden bestanden
hätte. Ganz im Gegenteil: die Dürre verhinderte die sonst
übliche "Salzkur": früher und auch heute wieder werden nach den

sommerlichen Niederschlägen Tausende Tiere in die salzhaltigen Ebenen westlich des Air getrieben. Aber die kostenlose Verteilung von Lebensmitteln während der Dürrejahre machte die Tauschwaren der Caravaniers wertlos - ein Handel fand deshalb nur sehr eingeschränkt statt (FUCHS, 1974).

3.5 Die Zahlen der Wanderarbeiter stiegen sprunghaft an, weil nur so noch die Familien versorgt werden konnten. Da aber Millionen vom gleichen Schicksal betroffen waren, war es nicht einfach, entsprechende Arbeit zu finden, zumal aus Prestigegründen die Sahelstaaten durch Verwaltungshürden (Arbeitspässe u.s.w.) diese Möglichkeiten stark eingeschränkt hatten.

3.6 Als während des Höhepunktes der Katastrophe internationale Hilfe in Form von Lebensmittelspenden geleistet wurde, zeigte sich ein gravierender Mangel der Air-Region in ganzer Schärfe: die mangelhafte Straßen- und Pisten-Infrastruktur. Selbst mit geländegängigen Fahrzeugen war es kaum möglich, die notleidenden Tuareg zu erreichen. Mit Ausnahme von Agadez, Timia und Iferouane gab es keine Verteilungsmöglichkeiten, so daß besonders die von der Viehzucht abhängige, verstreut lebende Bevölkerung in große Flüchtlingslager bei Agadez, Tchin Tabaraden, Tahoua und Zinder abwanderte; hier wurden bis zu 20.000 Menschen zusammengepfercht. Eigene Befragungen 1977/78 ergaben eindeutig, daß auch im südlichen Hirseanbaugebiet Dörfer, die nur wenige Kilometer von Straßen und Pisten entfernt liegen, keine Hilfeleistungen mehr erhalten haben - ganz eindeutig galt dies auch im Air selbst.

3.7 Die Konzentration der Bevölkerung auf den zentralen Ort Agadez hin blieb nicht nur Episode. Die randlichen Notquartiere der Flüchtlinge verschwanden zwar wieder, aber die Menschen versuchten, mittel- und langfristig Dauerwohnungen in der Stadt zu erhalten. So nahm die Stadtbevölkerung von 6.000 vor der Dürre auf heute 23.000 Einwohner zu, nicht möglich ohne Berücksichtigung des wirtschaftlichen Aufschwunges, die der Ort als Basisstadt für die Uranerschließung des Air-Gebietes genommen hat.

Einige tausend Menschen haben sich direkt in der Uranstadt Arlit angesiedelt, und zwar nicht nur als willkommene Arbeitskräfte, sondern auch als Arbeitslose in wild angelegten "bidon-villes" an den Stadträndern unter z.T. menschenunwürdigen Bedingungen.

3.8 Diese genannten Aspekte haben in ihren Konsequenzen während der Dürrejahre direkte Folgen für die Bevölkerung gehabt. Nicht minder schwerwiegend jedoch erweisen sich bis heute die Konsequenzen der dadurch ausgelösten Desertifikationsprozesse (vgl. dazu u.a. die Arbeiten von MENSCHING, IBRAHIM und, auf die Schule angewendet, ENGEL).

Unter Desertifikation versteht man die Ausbreitung wüstenhafter Erscheinungen, besonders infolge unangepaßter Nutzung des vorhandenen Naturpotentials. Im Fallbeispiel Air ist es vor allem die Vernichtung der Vegetation, als deren Folge eine schwerwiegende Veränderung der hydrologischen Bedingungen eingetreten ist. Wie bereits beschrieben, ist zwar die extreme Trockenheit Hauptursache des Vegetationssterbens gewesen, aber die Vernichtung des übriggebliebenen Restes erfolgt kontinuierlich durch Verwendung von Blattwerk als Zusatzfutter, von Stammholz als Bauholz, primär jedoch durch den großen Bedarf an Brennholz. Brandrodung für neue Gärten ist zwar zu beobachten, spielt jedoch quantitativ eine untergeordnete Rolle. Gerade die Brennholzproblematik wird immer drängender, da die Städte Agadez und Arlit aus zunehmend weiterer Entfernung per LKW mit Energie versorgt werden müssen. Die z.T. schon wieder zu hohen Viehbestände verhindern eine Regeneration, da insbesondere Ziegen von jungen Schößlingen kaum Reste lassen. Wegen der fehlenden Vegetation in den Talungen erhöht sich der Abflußquotient der konzentrierten Niederschläge, die Transportkraft der Flüsse nimmt zu; an vielen Stellen werden Akkumulationen in den Talgründen erodiert, an anderen Orten gibt es unerwünschte Ablagerungen. Die Zahl der "crues", der Abflußtage, nimmt zu. Nach den Dürrejahren z.B. hatte der Teloua bei Agadez überraschend viele Hochwasserwellen: statt 2 - 4 Abflußtage gab es 1974/75 ca. 15 x solche Ereignisse, mehrfach wurden die Wüstenstädte Agadez und Arlit überschwemmt. Pisten wurden ständig unterbrochen, die Gebirgsrandebenen standen z.T. wochenlang unter Wasser.

Vegetationsvernichtung anderer Art betreiben die auf eine zu große Zahl angewachsenen Viehherden, u.a. die Ziegen, die sich außerordentlich rasch regenerieren konnten. In der Praxis wird dies erkennbar durch die Zunahme der Wolfsmilchgewächse (Callotropis), die wertvolle andere Futterpflanzen bereits verdrängt haben. Die Substitution durch resistente, aber für das Vieh wertlose Pflanzengesellschaften scheint kaum aufhaltbar zu sein.

Unter Desertifikation fällt aber auch die Erschöpfung der Gartenböden durch Übernutzung, so daß eine natürliche Regeneration durch längere Brachzeiten nicht mehr erfolgen kann. In Iferouane ist in vielen Gärten die Situation so unhaltbar, daß aus 50 km entfernt liegenden Ruinenstädten uralter Stallmist abgegraben und mit Eseln in die Gärten transportiert werden muß.

Gelingt es nicht, mittel- und langfristig einen erfolgreichen Kampf gegen die Desertifikationsfolgen zu führen, werden diese Schäden die ohnehin eng begrenzten Chancen der Tuareg an der Grenze der Ökumene so schwerwiegend beschneiden, daß es kaum möglich sein wird, die heute ansässige Bevölkerung zu halten.

4. Ansätze internationaler Entwicklungshilfe nach der Dürre

Zum Verständnis der Möglichkeiten von Entwicklungshilfe ist es notwendig, vorher einige wichtige Zusammenhänge aufzuzeigen, und zwar Produktionsdimensionen, Bevölkerungsdaten und Haupterwerbszweige, bevor auf die Zielsetzungen eingegangen werden kann.

4.1 Bevölkerung: Wie die Abb. 3 zeigt, lebten nach der Volkszählung von 1977 etwa 125.000 Menschen im Departement Agadez (ca. 700.000 km^2); heute muß man bei einer Wachstumsrate von ca. 3,5 % und Zuwandergewinnen in Arlit mit ca. 20.000 Menschen mehr rechnen. Seßhafte Tuareg überwiegen im Verhältnis 3 : 2 die nomadischen Bevölkerungsanteile; nur in der Salzgewinnungsoase Bilma liegt der Anteil der Seßhaften statistisch bei 100 %, obgleich im Plateau von Djado nach meiner Kenntnis ebenfalls Vollnomaden existieren.

Abb. 3   Stadt- und Land-, nomadische und seßhafte
         Bevölkerung 1977

Arr.	nomad. Bevölk.	Seßhafte Bevölkerung			% Nomaden	% Seßhafte
		Stadt	Land	zus.		
Agadez	40.000	23.500	28.000	51.500	44	56
Arlit	10.000	13.000	4.900	17.900	36	64
Bilma	-	-	7.400	7.400	0	100
Zus.	50.000	36.500	40.300	76.800	39,4	61,6

Quelle: Bilan Departemental 1978, S. 2-7, 2-10

Abb. 4 verdeutlicht die Aktivitäten der ländlichen Bevölkerung
durch die Zahl der dort Beschäftigten, wobei die Anteile der
Kinder- und Frauenarbeit statistisch dazugerechnet werden.

Abb. 4   Tätigkeitssparten der ländlichen Bevölkerung

Berufssparte	Nomaden	Seßhafte	gesamte aktive Bevölkerung	%
Viehzüchter	15.000	5.800	20.800	51,7
Gärtner	-	4.500	4.500	11,2
Palmgärtner	-	1.400	1.400	3,5
Karawaniers	-	1.500	1.500	3,7
Salzarbeiter	-	1.000	1.000	2,5
Händler/Handwerker	-	2.900	2.900	7,2
Hilfsarbeiter	5.000	3.100	8.100	20,1
Gesamt	20.000	20.200	40.200	100,0

Quelle: Bilan Departemental 1978, S. 2 - 17

In den Städten dominiert der tertiäre Sektor (Agadez) bzw. die
Urangewinnung (Arlit, Akokan).

Die schon früher geschilderte Verbundwirtschaft wird noch deutlicher, wenn man die primären und sekundären Tätigkeiten am
Beispiel der seßhaften ländlichen Bevölkerung noch weiter diffe-
renziert.

109

Abb. 5 Primäre und sekundäre Tätigkeiten der seßhaften ländlichen Bevölkerung

Berufssparte	betroffene Bevölkerung	Haupttätigkeit	%	Nebentätigkeiten: Viehzucht	Nebentätigkeiten: Handel	Nebentätigkeiten: Gelegenheitsarbeiten	insgesamt tätig	%
Gärtner	11.700	4.500	41,2	1.800	400	500	7.200	61,5
Palmgärtner	6.300	1.400	12,8	500	1.000	-	2.900	46,0
Karawaniers	9.000	1.500	13,8	1.500	-	1.000	4.000	44,4
Salzarbeiter	2.000	1.000	9,2	-	-	-	1.000	50,0
Händler/Handwerker	6.000	1.500	13,8	1.000	500	500	3.000	50,0
Hilfsarbeiter	5.300	1.100	9,2	1.000	-	-	3.100	39,6
Gesamt	40.300	11.000	100,0	5.800	1.400	2.000	20.200	50,1

Quelle: Bilan Departemental, 1978, S. 2 - 16

4.2 Produktion von Lebensmitteln: Nach Berechnungen von Regionalbehörden in Agadez ergibt sich beim Vergleich von Bedarf und Produktion bei allen Sparten grundsätzlich ein Defizit mit Ausnahme des Gemüsesektors: hier wird m.E. aber von zu geringen Bedarfsmengen ausgegangen, so daß bei kritischer Betrachtung auch hier höchstens von einem Gleichgewicht zu reden ist. Selbst die Erzeugung von Fleisch und Milch bleibt (mit steigender Tendenz) difizitär - ohne Gegenmaßnahmen würde sich an dieser ungünstigen Bilanz kaum etwas ändern.

Besondere Probleme entstehen quantitativ bei der Versorgung mit Getreide, wie Abb. 6 zeigt.

Abb. 6 Getreideverbrauch in den Jahren 1977 und 1981

	1977 *	1981 **
Stadtbevölkerung 170 kg / Kopf / Jahr	6.205 t	10.608 t
seßhafte Landbevölkerung 150 kg / Kopf / Jahr	6.045 t	6.600 t
Nomaden 120 kg / Kopf / Jahr	6.000 t	5.880 t
zusammen	18.250 t	23.088 t
Erzeugung im Air	1.445 t	2.400 t
Defizit	16.805 t	20.688 t
Karawanenhandel	1.500 t	1.500 t

Quelle: Bilan Departemental* und
eigene Berechnungen 1981**

Es wird deutlich, daß der traditionelle Karawanenhandel heute
nur einen geringen Anteil des Defizites decken kann. Eine
wesentlichere Rolle spielt vielmehr neben dem Markthandel die
staatliche Aufkauf- und Verteilungsorganisation OPVN (Office
des Produits Vivriers du Niger), deren Aufgabe es ist, die
Spekulation mit Hirse zu unterbinden und landesweit für eine
gerechte und gleichmäßige Verteilung zu annehmbaren Preisen zu
sorgen.

4.3 Übergeordnete Zielsetzungen für Entwicklungshilfeprojekte

4.3.1 Richtziel für alle Maßnahmen muß es sein, die gesamte
Region Agadez zu stabilisieren, d.h. die bodenständige Bevölkerung zu befähigen, diesen peripheren Raum der Republik Niger
weiter zu besiedeln und nationalökonomisch sinnvoll zu nutzen.
Ohne Hilfe von außen würden nämlich die bereits begonnenen Ab-
wanderungstrends zu einer weiteren Bevölkerungskonzentration in
den relativ übervölkerten südlichen Landesteilen führen und mit
Sicherheit die ohnehin schwierigen Probleme der Städte weiterhin vergrößern.

Nicht zuletzt spielen auch strategische Gründe eine große Rolle, denn aufgegebene Landesteile würden an der Nordostgrenze zu Libyen mit Gewißheit die Expansionsgelüste von libyscher Seite schüren.

4.3.2 Für jeden Staat der Welt gilt, zu große Disparitäten in der Wirtschaftsstruktur der einzelnen Landesprovinzen auszugleichen. Im Air prallen die Gegensätze zwischen traditioneller Tuareg-Kultur und moderner Rohstoffgewinnung (Uran, Kohle) besonders hart aufeinander. Damit wird abrupt das Ende einer sonst langfristig möglichen kontinuierlichen Entwicklungschance für die Tuareg gesetzt; denn das mit den hohen Einkommen verbundene Anspruchsdenken der Arbeiter aus dem Bergbau ist natürlich geeignet, die Wünsche u.a. der Stadtbewohner nachdrücklich zu beeinflussen und längerfristig auch auf das traditionell geprägte Umland auszustrahlen. Allein die Entwicklung von Miet- und Hauspreisen in Agadez spricht eine deutliche Sprache: z.Zt. sind Häuser in Agadez mit mittlerem Komfort nicht unter 2.000,-- DM im Monat zu mieten. Im Vergleich: das gesetzlich garantierte Mindesteinkommen für ungelernte Arbeiter liegt bei etwa 100,-- DM im Monat. Ob man die Zeichen der neuen Wirtschaftsordnung positiv oder negativ bewerten mag: auf gar keinen Fall ist es möglich, diese Entwicklung rückgängig zu machen. Der Bau der Uranstraße sowie die im Zusammenhang damit erfolgte Asphaltierung der Straßen von Agadez sind irreversible Vorgänge; die LKW, PKW und Motorräder innerhalb des Stadtbildes existieren real, obwohl dies für jeden Besucher von Agadez noch vor 10 Jahren unvorstellbar schien.

4.4 Ansätze der Projektvorhaben

Folgerichtig sind aus den vorausgegangenen Überlegungen konkrete Ziele abgeleitet worden, die alle Bereiche der Dürreschäden abdecken.

4.4.1 Bemühungen zur Wiederherstellung der Vegetation: Wälder, Brennholzplantagen, Schattenbäume für Siedlungen und Gärten, Kampf gegen weitere Degradierung der Pflanzenwelt.

4.4.2 Verbesserung des Sektors <u>Gartenbau</u>: Wiederherstellung der ehemaligen Gärten, Brunnenbau mit festen Materialien, Ufer- schutzbauten, Anhebung des Grundwasserspiegels, Bereitstellung von Zugochsen, Saatgut, Jungbäumen, Arbeitsgeräten, Dünger, Insektiziden, Krediten sowie Verbesserung der Bewässerungs- techniken. Außerdem Bemühungen, das vorhandene ungenügende Ver- marktungssystem auszubauen.

4.4.3 Förderung und Neuaufbau der <u>Viehzucht</u> unter Vermeidung alter Fehler: Wiederherstellung der Herden, Beschränkung der Kopfzahl, bessere Sorten, Weiderotation, Ausrichtung auf Milch-, Fleisch- und Ledervermarktung, Prüfung von Zukunftschancen, tiermedizinische Betreuung, Bau von Schlachthöfen und Konser- venfabriken.

4.4.4 Erhaltung des <u>Karawanenhandels</u> überall dort, wo es sinn- voll erscheint, z.B. Salzhandel Bilma - Haussaland, Transporte außerhalb der Pisten, Brennholztransporte.

4.4.5 Entlastung des <u>Arbeitsmarktes</u> durch Schaffung neuer Arbeitsplätze in den Projekten zur Vermeidung der Wanderarbeit, die mit schwerwiegenden sozialen Mißständen verbunden ist.

4.4.6 Verbesserung des <u>Transportsektors</u> durch Neubau von Straßen, u.a. aber wegen des geringen Verkehrsaufkommens von ganzjährig befahrbaren befestigten Pisten.

4.4.7 Verbesserung der <u>Siedlungsstruktur</u> durch dezentrali- sierte Einrichtung von Kooperativen, Gesundheitsstationen, OPVN-Stellen, Schulen auch in abgelegenen Oasen. Verbesserung der Wasserversorgung. Einrichtung von lokalen staatlichen Dienstleistungsbüros.

4.4.8 Es wird deutlich, daß hier eigentlich alle Maßnahmen, die zum Kampf gegen die <u>Desertifikation</u> erforderlich sind, mehr oder weniger angesprochen wurden. Allerdings sind noch zu er- gänzen: Hochwasserschutz für Agadez und Arlit sowie In Gall. Dazu ist aber auch erforderlich, zunächst ein kostspieliges Netz von Beobachtungsstationen zu installieren, um auch damit die Chancen für eine Erweiterung des Gartenbaus auszuloten.

5. Übersicht der wichtigsten Entwicklungshilfeprojekte

Auf dem Höhepunkt der Dürrekatastrophe überwogen zunächst die
notwendigen Lebensmittellieferungen. Diese Soforthilfe war un-
umgänglich, da nur so Tausende von Menschen vor dem Hungertod
bewahrt werden konnten. Gleichzeitig begannen jedoch Überlegungen, mittel- und langfristig die Wirtschaftsstruktur zu verbessern.

In den Jahren 1977, 1978, 1980 und 1981 hatte ich die Möglichkeit, die meisten der in der folgenden Übersicht aufgeführten
Projekte zu besuchen. Kaum eine größere internationale Organisation war im Air nicht vertreten; alle versuchten, getragen
von beträchtlichem persönlichem Engagement, ihre Ziele in enger
Absprache mit den nigrischen Behörden zu realisieren. Es folgt
eine Aufstellung unter Benutzung von Unterlagen des Service du
Plan, Agadez 1977.

5.1 Übersicht der von ausländischen Organisationen getragenen
Projekte im Air

Es ist nur möglich, stichpunkthaft die Maßnahmen darzustellen.
Soweit die Kosten bekannt waren, sind sie in Klammer angegeben
(in Millionen CFA. 100 CFA sind etwa 0,80 DM).

Organisation	Ort, Maßnahmen	Budget
FED	Nutzbarmachung der Gärten in den Tälern (88) Teloua, Amdigra, Tcheroserine im Süd-Air - Ausbau von 500 Bewässerungsbrunnen, - Bereitstellung von 45 000 Pflanzen als Windschutz, - Bereitstellung von 10 000 Obstbäumen, Hilfe bei der Beschaffung von Samen, Werkzeug, Zugochsen, Schädlingsbekämpfungsmittel, - Errichtung von 6 Alphabetisierungszentren,	
	Direkte Hilfe für die Gärtner von Teloua - Samenzucht für Getreide, Gerste, Zwiebeln, Windschutz für Pflanzen, Errichtung von 5 Verkaufsläden, etc.	(6.6)
	Teloua - Subvention von 5 Geschäften, Garteneinzäunung, Verteilung von landwirtschaftlichen Materialien, etc.	(8)

USAID	Region zwischen Abalak, Ingall, Agadez, Aderbissinat und zwischen Tahoua, Tanout, Agadez - Förderung der Viehwirtschaft, (1.341)
USAID/CWS	die Koris Teloua, Affassas, Abardak - Bau von 800 Brunnen, Verbesserung der Anbaukulturen Datteln, Kartoffeln, ihre Vermarktung, Pistenbau Tabelot - Agadez (120)
	Region Tabelot: Kori Teloua (64) - Uferschutz mittels Steinen und Lebendverbau
CWS	Region Tabelot und Affassas - Kauf und Anpflanzung von 1 091 Palmen(1.2)
EIRENE	Tin Tabisgin, Goffat, Hamsen, Ekazzan - Hochwasserschutzmaßnahmen und Infiltrationsmaßnahmen, Bau von 7 Brunnen, Anpflanzung von 4 600 Bäumen, Bewässerung eines Experimentiergartens, etc.
	Tin Tabisgin, Goffat, Hamsen, Akazzan - Erweiterung der Gartenanbaufläche, Errichtung einer speziellen Viehzucht,
	Egandawel, Tindint, Tafadeck, Aouderas - Errichtung eines Schulungsgartens, Bau von 70 Zementbrunnen, Verteilung von Zugochsen, Anpflanzung von Hecken und Bäumen als Windschutz, Bereitstellung eines Vermarktungsfonds, Schulungsmaßnahmen (30)
PAM	Teloua, unterhalb Alarces - Eindeichungsmaßnahmen als Hochwasserschutz gegenüber Agadez (65)
	Tin Toulloust - Brunnenbau zur Grundwasserneubildung, Weidenverbesserung, Uferschutz
CEA	Arlit - Errichtung einer Hydroagrarkultur (530)
Mission Catholique	Kerboubou, Dajio, Dari - Verbesserung der Weideflächen, Wiederaufbau der Herden (15)
Mission C. & OXFAM	Tchirozerine - Grundwasseranhebung für die Gartenwirtschaft, Maßnahmen gegen die Erosionserscheinungen, Verbesserung der Weideflächen, Wiederaufbau der Herden (62)
OXFAM	Tin Toulloust - Schutz der Gärten, Wassergewinnungsmaßnahmen, Gartenbewässerung, Rationalisierung der Kulturen (52)
	Teloua-Tal, Tabelot, Affassas, Abardak, Aouderas, Timia, Ingall, Bilma - Dattelwirtschaft (3.1)

AFRICARE	Ebene von Erhazer: Assauas, Akassamsam, Tigu Tiguirwit, Tiguida N'Drar, Tiguida Saurce, Tabelelik, Ezak (23) - Wiederaufbau der Herden (Schafe, Ziegen)
Association d'entraide et de developpement	Tamazalak - Errichtung einer Volksschule (117,5)
Comite Francais pour la Campagne Mondiale contre la Faim	Alerces (6,7) - Steigerung der Obstbauzucht, Brunnenbau
Routes du Monde	Arr. Arlit, Zilalet - Errichtung von Brunnen und Stauwerken, Verbesserung der Weidegründe, Wiederaufbau der Herden, Gartenbewässerung (62)
COE	Ebene von Erhazer - Pflanzenregenerierung in Brunnennähe, Versorgung der Viehzüchter mit Brennholz, Maßnahmen gegen die Desertifikation (12)
GTZ	Iferouane, Timia (900) - Grundwasseranreicherungs- und Uferschutzmaßnahmen, Organisationsaufbau zur Produktvermarktung, Arbeitsbeschaffung und Ausbildungsmaßnahmen, Pistenbau Iferouane - Timia Agadez - Errichtung einer OPVN-Kfz-Werkstätte Air: Assode- Timia, Krip-Krip- El Meki - Pistenausbau Teloua - Uferschutzmaßnahmen
GTZ/FED	Teloua: Indoudou - Untersuchung verschiedener Bewässerungsmethoden (128)
Chinesische Organisation	Aouderas, Dabaka, Affassas, Tegharzer, Tin Tabourak - Bau von 50 Brunnen
ORSTOM	Teloua: zwischen Azzel - N'Douma - Grund- und Oberflächenwasserstudien mit dem Ziel der Erstellung einer Grundwasserbilanz
BRGM	West-Air - Erstellung eines Brunnen- und Wasserstellenkatasters mit dem Ziel der Abschätzung alluvialer Grundwasservorkommen
SONICHAR	Anou - Araghene - Errichtung eines Wärmekraftwerkes, zur Elekt.-Versorgung von Arlit-Akokan und Agadez

Dep. Agadez	zwischen Agadez - Teloua-Fluß - Anlage von 200 ha Gemüse- und Getreidean- bauflächen und 200 ha Obstbaumkulturen
"	Bau der Uranstraße Arlit - Agadez - Tahoua - Obwohl völlig von den Urangesellschaften finanziert, im Haushaltsplan ausgewiesen (ca. 3500)

Die Übersicht zeigt, daß beinahe jeder Ort bzw. jedes Tal im
Air von einer anderen Organisation betreut wurde. Koordinierung
und Erfahrungsaustausch blieben weitgehend der Initiative der
Projektleiter überlassen, vielfach gab es Überschneidungen.
Eines hatten die Projekte gemeinsam: alle beteiligten Europäer
engagierten sich in hervorragendem Maße für ihre Projekte. Dies
gilt besonders für die Idealisten, die ohne Expertenbezahlung
als Entwicklungshelfer tätig waren, wenn auch z.B. Angehörige
des amerikanischen Peace-Corps gerade wegen ihrer angepaßten
Lebensweise nicht recht von den Einheimischen ernst genommen
wurden.

5.2   Problematische Projekte

Exemplarisch möchte ich kurz die drei Projekte charakterisie-
ren, bei denen im Nachherein Ziele, Aufwand und Erfolge nicht
untereinander im Einklang stehen. Sie können neben den vielen
gelungenen Vorhaben grundsätzliche Risiken der Entwicklungshilfe deutlich machen.

5.2.1   CEA: Errichtung einer Hydrokulturanlage in Arlit

Mit erheblichem Finanzaufwand werden nördlich von Arlit einige
ha unter Plastikhäusern bewässert, und zwar mit Hilfe einer
Tiefbohrung, die fossiles Grundwasser fördert. Ohne Rücksicht
auf die erfolgten Investitionen werden sogar einige Weizenfelder
bewässert, um eine Kooperative von Einheimischen zu unter-
stützen - in einem vollariden Raum mit Maximaltemperaturen, die
monatelang bei knapp 50° C liegen. Selbst wenn bei den Gemüse-
und Obstkulturen lediglich die laufenden Kosten (Elektro-Energie
für die Wasserpumpen) berechnet werden, müssen die erzeugten
Tomaten, Kohlköpfe, Möhren und Salate noch subventioniert werden, um gegenüber den aus Frankreich direkt eingeflogenen

Produkten bestehen zu können. Frische Erdbeeren lassen sich bei
den Spitzenverdienern von Arlit noch für umgerechnet 30,-- DM/kg
absetzen, aber real liegen die Erzeugerkosten bei Berücksichtigung der Amortisation der Investition bei etwa dem doppelten
Preis.

Fazit: ein reines Prestigeprojekt ohne jede Bedeutung für die
Region. Kosten und Ergebnisse stehen in keinem akzeptablen Verhältnis.

5.2.2 OXFAM: Wasserbau in Tin Toulloust

Mit viel Enthusiasmus waren nach der Dürre belgische Entwicklungshelfer am Werk, um in dieser entlegenen Oase am Nordost-
abfall des Air die in den Dürrejahren verlassenen Gärten wieder
neu herzurichten. Zementierte Brunnen wurden angelegt, viele
durch Erosion gefährdete Areale durch Hochwasserschutzdämme be-
festigt, Hilfe bei der Neuanlage der Gärten geleistet; die erzeugten Gartenbauprodukte wurden mit Projektfahrzeugen kosten-
los nach Agadez transportiert.

Nach Beendigung der technischen Arbeiten wurde das Projekt offiziell eingestellt. 1978 und 1981 traf ich nur noch wenige Gärten
in Funktion, die Gärtner waren frustriert: keine Absatzmöglichkeiten mehr.
Fazit: ein an und für sich erfolgreiches Projekt, das aber durch
die Beschränkung auf Wasserbauten zu einseitig war. Es fehlen
offensichtlich Folgemaßnahmen.

5.2.3 Routes du Monde: Region Zilalet: Weideverbesserung durch Staudämme, Brunnenbau

1978 war dieses Projekt noch in der Aufbauphase: mit ca. 80
Tuaregarbeitern, unterstützt nur durch wenige kaum fahrtüchtige
LKW, versuchte ein sehr engagierter europäischer Experte, am
Westabfall des Air einen der wasserreichsten Flüsse des Gebirges
so zu leiten, daß eine Grundwasseranreicherung erfolgte und somit die natürlichen Weideflächen künstlich durch Wasserzufuhr
verbessert wurden. Gleichzeitig begründete er für viehlos gewor-
dene Tuareg einige Gärten flußaufwärts und half den Viehzüchtern

mit der Anlage von gemauerten Brunnen.

1981 war die Station verlassen: in einem riesigen zurückgelas-
senen Schrottplatz verrostete das technische Inventar; Erstaunen
riefen nichtbenutzte neue Windräder und Tellerpflüge hervor,
deren Anschaffungswert beträchtlich schien. Der mühsam in jahrelanger Arbeit errichtete Staudamm war gebrochen und damit funk-
tionslos. Die neubegründeten Gärten waren z.T. noch vorhanden,
aber kümmerten mangels Betriebsmitteln und Beratung dahin.
Fazit: eine engagierte Arbeit war umsonst, weil das Projekt zu
früh aufgegeben wurde, funktionstüchtig waren lediglich die
Nomadenbrunnen. Außerdem stehen die für Weideverbesserung auf-
gewendeten Mittel in keinem Verhältnis zum Nutzen.

6. Deutsche GTZ-Projekte im Departement Agadez

Im Gegensatz zu den vorher beschriebenen problematischen Vorhaben bei Arlit, Tin Toulloust und Zilalet zeigen die von der
Gesellschaft für technische Zusammenarbeit (GTZ) betreuten Projekte im wesentlichen positive Züge. Dies ist in der Hauptsache
zurückzuführen auf folgende Aspekte:

1. Diese Projekte wurden nicht isoliert durchgeführt, sondern
   in einen größeren Zusammenhang integriert.

2. Nach Abschluß der initiierten Hauptarbeiten gaben Nachbe-
   treuungsmaßnahmen die Gewähr der Kontinuität.

3. Alle Projekte wurden als arbeitsintensive Maßnahmen mit
   nigrischer Beteiligung durchgeführt, die Bezahlung erfolgte
   zu einem wesentlichen Teil in Naturalien.

4. Die vorgenommenen Maßnahmen sind mit den Bedürfnissen der
   betroffenen Bevölkerung kongruent und können keinesfalls als
   Prestigeprojekte bezeichnet werden.

5. Obgleich die Anfänge schon zeitlich weit zurückliegen, ent-
   sprechen die Zielvorstellungen auch neueren Entwicklungshil-
   fezielen

- Hilfe zur Selbsthilfe durch ständige Mitbeteilung der betroffenen Bevölkerung
- Förderung insbesondere des ländlichen Raumes
- tatkräftige Hilfe bei der Verbesserung der Grundlebensbedürfnisse
- Förderung der Erzeugung von Grundnahrungsmitteln.

6.1 Vorstellung der Einzelprojekte

Zum Höhepunkt der Dürre 1973 genügte es der deutschen Bundesregierung nicht, nur Lebensmittel als notwendige Soforthilfe zu leisten, sondern man machte sich auf Bitten der nigrischen Behörden auch Gedanken, wie man zum Wiederaufbau der durch die Katastrophe besonders betroffenen Regionen beitragen konnte. Von vornherein stand dabei im Vordergrund, arbeitsintensive Vorhaben in den Mittelpunkt dieser Bemühungen zu stellen. Arbeitsintensiv bedeutet: Verzicht auf kapitalaufwendige Maschinen zugunsten der Beschäftigung von möglichst vielen ungelernten Arbeitern; möglichst Verwendung von einheimischen Materialien; Unterstützung der Arbeiter durch Verteilung eines Teils der Bezahlung als Lebensmittelgaben, da in den vorgesehenen peripheren Gebieten Bargeld kaum umzusetzen war; Ausbildung von Fachkräften. Nach anstrengenden Projektfindungsreisen fiel die Auswahl zunächst einmal auf die Oasen Timia und Iferouane, die von den Dürrefolgen besonders hart getroffen waren und denen die Gefahr drohte, verlassen zu werden.

6.1.1 Arbeitsintensive Infrastrukturmaßnahmen im Air (Timia und Iferouane)

Zielsetzung
- Grundwasseranreicherung in Iferouane, damit Gärten wieder produzieren können
- Hochwasserschutz in Timia, Erhaltung der bestehenden Gärten
- Bau einer Ganzjahrespiste Iferouane - Arlit, damit ganzjährige Erreichbarkeit
- Ausbau der Erdbrunnen mit Steinen oder Betonringen
- Hilfe bei der Vermarktung durch Einrichtung von Kooperativen
- Beratung beim Anbau
- Begründung hydrologischer Meßprogramme

Ursprünglich ging es "nur" um wasserbauliche Maßnahmen, aber bei der Realisierung der Arbeiten wurde den verantwortlichen Ingenieuren schnell klar, daß noch weitere Bereiche integriert werden müssen, damit auch nach Fertigstellung der hydrotechnischen Arbeiten die Hilfe zur Selbsthilfe funktioniert. Dabei stellte sich z.B. heraus, daß es sinnvoll war, einen Soziologen mit der Beschaffung von Basisinformationen zu beauftragen. Auch heute, längst nach der Fertigstellung der geplanten Arbeiten, gibt es eine wirksame Weiterbetreuung der alten Projekte, so z.B. ein Brunnenbauprogramm für 150 befestigte Brunnen. Davon sind 10 ausschließlich für Nomaden bestimmt, die sonst täglich stundenlange Wanderungen zur Tränke bzw. Wasserbeschaffung für die Familien zurücklegen mußten.

Finanzierung: Ca. 11 - 12 Mio DM sind im Laufe der Zeit hierfür investiert worden, eine relativ geringe Summe, wenn man heute das Erreichte bewertet.

6.1.2 Wasserbaumaßnahmen im Telouatal bei Agadez

Die zahlreichen Gärten am Agadez berührenden Teloua waren durch den erhöhten Abfluß nach der Dürre ernsthaft bedroht, da die stark angestiegenen Abflüsse in den meisten Fällen die Ufer der unmittelbaren Gartenkulturen überschwemmten und z.T. erodierten, während an anderen Stellen Akkumulationen den Fluß teilten und verzweigten, so daß im Gartengebiet Verwilderungszonen zu beobachten waren.

Finanzierung: Ca. 4 Mio DM, ebenfalls arbeitsintensiv. Auch hier: Berücksichtigung der Marktverhältnisse bei der erwarteten Produktionssteigerung. Im übrigen könnten in starkem Umfang die Erfahrungen der früheren Arbeiten bei Timia und Iferouane verwertet werden, so daß man mit Recht - wie beim folgenden Vorhaben - von einem Anschlußprojekt sprechen kann.

6.1.3 Hochwasserschutz Agadez

Die guten Erfolge bei der Flußverbauung des Wadi Timia und Iferouane waren für die nigrischen Behörden Anlaß zum Antrag an das BMZ, auch die mehrfach überschwemmte und ständig neu bedrohte Stadt Agadez mit einem Deich gegen Hochwasser zu schützen. Kosten: etwa 5 Mio DM, Ausführung ebenfalls als arbeitsintensives Vorhaben mit Hunderten von Tuareg-Arbeitern.

Die zunächst provisorisch begonnenen Arbeiten bestanden schon im Sommer 1981 ihre erste Bewährungsprobe.

6.1.4 Pistenausbau im Rahmen des Air-Erschließungsprogramms

Wie vorher schon erwähnt, sind viele Orte im Air auch mit einem geländegängigen Fahrzeug kaum erreichbar. Z.B. ist es auch heute nur zu Fuß oder mit Tragtieren möglich, das Bagzan-Massiv mit zahlreichen Siedlungen und Gärten zu erreichen. Will man unerwünschte Abwanderungen verhindern, so ist für die Zukunft die problemlose Belieferung mit Grundnahrungsmitteln sowie der Abtransport erzeugter Produkte eine notwendige Voraussetzung. Diskutiert werden muß deshalb auch der Einsatz von traditionellen Lasttieren (Kamele, Esel), die allerdings zur Zeit von der Bevölkerung als alternative Möglichkeit einhellig abgelehnt werden, weil es für sie, psychologisch gesehen, ein Rückschritt wäre.

Vorteile der Tragtiere

- ständig ausreichend in der Region vorhanden (Nomaden)
- wenig Probleme der Futterversorgung
- keine Personalprobleme
- in wenig verkehrserschlossenen Gebieten
  (Gebirgspisten) billiger als LKW
- keine Devisenausgaben
- keine Wartungsprobleme
- wirtschaftlicher Vorteil für Viehzüchter

Nachteile der Tragtiere

- Zeitfaktor, besonders bei verderblichen Produkten
- Organisation von Karawanen
- Verpackung aufwendiger
- keine Mitnahmemöglichkeit für Personen
- Ablehnung durch die Gärtner
- Mithilfe des Auftraggebers

Im Frühjahr 1981 kostete 1 km Landrover mit Abschreibung ca. 150 CFA, 1 km mit einem 7-t-LKW ca. 250 CFA (= 35 CFA/t/km). Für einen 25 t-Sattelschlepper müssen 750 CFA pro km gezahlt werden (= 30 CFA/t/km). Bei Pistenfahrten erhöhen sich diese

Kosten um etwa 35 %. Pistenausbau (zweispurig, 25 t Nutzlast,
Geschwindigkeit 50 km/Std.) kostet im arbeitsintensiven Verfahren ca. 2 Mio CFA/km, Asphaltstraßenbau (zweispurig, 40 t Nutzlast, Geschwindigkeit 80 km/Std.) etwa 40 Mio CFA/km im maschi-
nen- und damit kapitalintensiven Verfahren. (Angaben von H.
PASCHEN)

Kosten des Pistenausbaus: insgesamt 4,8 Mill. DM, Ausführung
ebenfalls arbeitsintensiv.

6.1.5 Bewässerungs-Versuchsstation Indoudou

Dieses ursprünglich vom FED (Fond Européen de Developpement)
und der GTZ gemeinsam betriebene Projekt war gegründet worden,
um modernste Möglichkeiten zur Optimierung von Bewässerungsver-
fahren im Sahel zu testen (Beregnung, Tropfverfahren, unterir-
dische Bewässerung). Nachdem wegen zu hoher Störanfälligkeit
der Elektronik frühzeitig unüberbrückbare Nachteile sichtbar
waren, wurde dank der engagierten Flexibilität des damaligen
Projektleiters die Station Indoudou zum Experimentierfeld für
die speziellen landwirtschaftlichen Probleme des Air. Diese allgemeine Zielsetzung ist auch in das heutige Aufgabenfeld der
"landwirtschaftlichen Versuchsstation Indoudou" übernommen worden. Die Station soll in Zukunft geplante Innovationen für die
Air-Oasen testen und u.a. Beratungsfunktionen bei der Vulgarisa-
tion erfüllen.

Bei diesem Projekt wird deutlich, wie sehr durch die Erforder-
nisse der Praxis ursprünglich linear angelegte Zielsetzungen zu
einer mehr auf Integration ausgerichteten Diversifizierung der
Aufgaben führen.

6.2 Bewertet man die vorgestellten Projekte insgesamt, ist ihr
positiver Beitrag zur Entwicklung des Air vor allem auf die un-
mittelbare Nähe zu den Bedürfnissen der betroffenen Bevölkerung
zurückzuführen. 1981 durchgeführte eigene Befragungen bei Gärtnern des gesamten Air belegen dies in eindrucksvoller Weise:
vgl. dazu Abb. 7.

Abb. 7 Prioritätenliste bei Gärtnern im Air

Region	1. Rang	2. Rang	3. Rang	4. Rang
zentrales Air				
Ofen	BZ	Banko-Häuser	ZT	CO
Krib-Krib	ZT	BZ	BT	LKW
" = "	ZT	BZ	LKW	US
" = "	BZ	US	ZT	BT
Timia	BZ	ZT	LKW	BT
"	BZ	ZT	BT	-
Zomo	BZ	US	ZT	LKW
Iferouane	LKW	LKW	US	BT
"	LKW	BT	BZ	ZT
Zilalet	BZ	BZ	BT	US
Teloua	BZ	ZT	LKW	CO
Indoudou	ZT	LKW	US	Traktor
Tassalam Salam	Traktor	AK	BT	Wasser
Dabaga	LKW	BT	BZ	-
Azzel	BZ	CO	-	-
"	BZ	LKW	UW	Zäune
südl. Air-Rand				
Berje	BZ	Gift(Schakale)	CO	"Secourist"
Abardakh	CO	ZT	BT	BZ
"	Piste	BZ	ZT	CO
"	US	Viehauf-stockung	CO	Schakalgift
Tabelot	CO	LKW	BZ	US
Owajud (Bir Tedeini)	BZ	CO	Secourist	Schakalgift
In Gall	ZT	BZ	Beratung	-
"	ZT	BT	BZ	Dünger
"	BT: Dünger	BT: Insekt.	-	-

Erläuterung der Abkürzungen: US = Uferschutz, ZT = Zugochsen, CO = Kooperative, BZ = befestigte Brunnen, BT = Betriebsmittel

Quelle: eigene Erhebungen

Absolute Priorität genießen mit dauerhaften Materialien (Zement, Steine) befestigte Brunnen und Uferschutz durch Erosionsschutzdämme. Diese Wünsche fehlen eigentlich nur dort, wo entweder schon dementsprechende Maßnahmen vollendet sind oder - durch lokale Verhältnisse bedingt - solche Arbeiten überflüssig wären. Es zeigt sich aber auch, daß sofort weitergehende Ansprüche artikuliert werden, wenn Mindestbedürfnisse erfüllt sind.

7. Perspektiven für die Zukunft

Wie bereits beim Projekt "Indoudou" angedeutet, erfordert der Transfer von lokalen Erfahrungen auf die gesamte Airregion eine übergreifende Kooperation und auch Koordinierung durch übergeordnete Leitlinien einer in sich bündigen Entwicklungspolitik. Wie das Beispiel der engen Abstimmung zwischen FED und GTZ zeigt, lassen sich unnütze Doppelentwicklungen verhindern und wahrscheinlich auch beträchtliche Geldmittel einsparen und für sinnvollere Planungen verwenden.

Es besteht aber auch ein naheliegender Interessenkonflikt zwischen individuellen Wünschen der einheimischen Bevölkerung und dem nationalökonomisch ausgerichteten Denken der Planungsbehörden. Das mag durch die Abb. 8 verdeutlicht werden.

Abb. 8 Mögliche Einkommen pro Hektar bei verschiedenen Anbauprodukten

Produkte	S D P		eigene Schützung 1981	
	mittlere Erträge in dz/ha	mittlere Einkommen pro ha in CFA	mittlere Erträge in dz/ha	mittlere Einkommen pro ha in CFA
Hirse	15,5	124.000	14	114.000
Mais	22,7	233.800	22	226.000
Weizen	22,6	326.400	22	308.000
Kartoffeln	71,3	499.100	-	-
Zwiebeln	104,3	771.800	136	1.106.400
Knoblauch	83,8	921.800	92	1.012.000
getr.Tomaten	70,0	1.470.000	415	1.287.500
fr. Tomaten	-	-	166	1.709.800
Gemüse	145,0	1.682.000	-	-
Datteln	60-80 kg/ Baum	?	60 kg/ Baum	1.500.000

Quelle: Service du Plan, eigene Erhebungen

Es fällt auf, daß einige Produkte (Tomaten, Datteln, Gemüse) pro ha 10 x höhere monetäre Erträge abwerfen als Getreide, daß aber die Vermarktungsmöglichkeiten hier Grenzen setzen. Der Wert von Datteln (wahrscheinlich auch aller übrigen Obstsorten) wird deutlich.

Dem privaten Interesse nach Einkommenserhöhung entspräche der Anbau von Produkten, die möglichst hohe ha-Erträge erbringen, während aus volkswirtschaftlichen Gründen in der Region ein möglichst hoher Selbstversorgungsgrad erreicht werden sollte.

Folgerichtig sind zur Zeit Überlegungen in der Diskussion, die von allen verantwortlichen Stellen geforderte Koordinierung auch in die Realität umzusetzen, und zwar durch die Begründung eines zentralen, mit allen Kompetenzen ausgestatteten Planungsbüros in Agadez, des "Projet de Developpement de l'Air". Derartige Schaltstellen haben auch in anderen Landesteilen des Niger bereits erfolgreiche Arbeit geleistet und könnten zur Beseitigung der unerwünschten Reibungsverluste der Einzelprojekte sowie der oft kräfteraubenden Auseinandersetzungen mit den eifersüchtig auf ihre Kompetenzen bedachten vielen nigrischen Regierungs-Spezialdienste beitragen.

Diese Kompetenzbündelung wäre auch wichtig im Hinblick auf zwei sehr wichtige Veränderungen der Ausgangsdeterminanten. Einmal hat sich die fast völlige Abhängigkeit der nigrischen Staatsfinanzen im Investiv-Sektor von den Abgaben des Uranbergbaus als sehr negativ erwiesen, denn seit etwa zwei Jahren ist durch die Weltmarktentwicklung beim Uranabbau der Preis für Uran praktisch halbiert worden, so daß die Förderungskosten mit den Gewinnen gerade noch abgedeckt werden können.

Zum anderen hat sich herausgestellt, daß die OPVN-Politik der gleichmäßigen Verteilung von Grundnahrungsmitteln zu Niedrigpreisen finanziell in den Peripherien nicht mehr durchgehalten werden kann, da der Fuhrpark ohnehin erhebliche Defizite einfährt, die in Zukunft nicht mehr abgedeckt werden können. Außerdem kann die Spekulation mit Hirse nahe der Grenze zum Ölland Nigeria nicht eingedämmt werden, wenn die Preisdifferenz zwischen den staatlich fixierten Aufkaufpreisen und den Marktpreisen zu hoch wird. Daraus ergibt sich, daß in Zukunft das Air-Gebiet noch weiter benachteiligt wird.

So ist mit einiger Sicherheit davon auszugehen, daß in Bälde die Entwicklungsbestrebungen im Departement Agadez durch ein Gesamtprojekt "Air" optimiert und koordiniert werden und die vorgesehene integrierte Regionalplanung somit Realität wird.

8. Schlußbemerkungen

Sicherlich kann und wird es keine Patentrezepte für Entwicklungshilfe geben; das Air-Gebiet wird höchstwahrscheinlich immer eine Region bleiben, die Hilfe brauchen wird. Die geschilderten Projekte und die aufgezeigten Trends machen aber vielleicht deutlich, welcher Aufwand in finanzieller und ideeller Hinsicht betrieben wird, um kurz-, mittel- und langfristig ein peripheres Notstandsgebiet in einem Staat zu fördern, der eindeutig zu den ärmsten Ländern der Erde gehört. Von daher betrachtet, klingt es mehr als überheblich, wenn der anfangs zitierte Journalist A. BÄNZINGER nach einer Kurzreise nichts anderes zu schreiben hat als folgende Bemerkung:
"Neun Jahre nach der Dürre hat die hochbezahlte Expertokratie offensichtlich noch nicht einmal ein Konzept. Sie forscht noch, sie testet, sie streitet sich, sie weiß nicht, wo es lang gehen soll."

Für die Schule kann - last, but not least - einiges von dieser Problematik zugänglich gemacht werden, wenn man als Lehrer die schon vorhandenen Unterrichtshilfen benutzt. Ich möchte außerhalb der Literatur hier nur auf vier unterschiedlich konziperte, aber sehr nützliche Materialien hinweisen:
1. Aktuelle Iro-Karte: Die Dürrekatastrophe - Schicksal oder
   Versagen? Nr. 296, München o.J.
2. J. ENGEL: Warum wächst die Wüste? in: Geographie heute,
   H. 1, 1980
3. FWU: Filme zum Thema Niger und Air:
   1. Menschen am Rande der Sahara, Nr. 32 3086, 1979
   2. Entwicklungshilfe im Staat Niger, Nr. 32 3087,
                                                1979
4. F. IBRAHIM: Desertifikation. Transparentmappe. Hagemann 1980

Literatur

ADAMOU, A. (1979)   : Agadez et sa region. Paris

BÄNZINGER, A. (1982)   : Mühseliges Überleben am Rande der
                              Wüste. In: Frankfurter Rundschau
                              vom 25.9.1982

BARTH, H. (1857)   : Reisen u. Entdeckungen in Nord- und
                              Central-Africa, 3 Bde., Gotha

BRENDEL, D. (1978)   : Agrarprobleme Nigers. In: Bericht
                              über eine Studienreise in fünf afri-
                              kanische Staaten, Wien, Universität
                              f. Bodenkunde, S. 209 - 216

BRAUN, U.   : Menschen in der Auseinandersetzung
                              mit Hitze und Trockenheit. In: Geo-
                              graphie und Schule, H. 15, S. 18-23

DELEJSCHKA, W. (1981)   : Wasserwirtschaftliche Infrastruktur-
                              maßnahmen in der Sahelzone der Rep.
                              Niger. Unveröff. Diplomarbeit,Berlin

ENGEL, J. (1977)   : Die Entwicklungsproblematik aus geo-
                              graphisch-sozialwissenschaftlicher
                              Sicht: Unterrichtseinheit Kamerun.
                              In: Zur Methodik des Lernbereiches
                              3. Welt, Schriftenreihe der BFPB,
                              H. 118, S. 91 - 102

ENGEL, STRÜMPLER, (1980)   : Tabi Egbe will nicht Bauer werden.
UNGER   RCFP-Unterrichtsprojekt für Klassen
                              5-6, Westermann Verlag,Braunschweig

FUCHS, P. (1974)   : Sozioökonomische Aspekte der Dürre-
                              katastrophe für die Sahara-Bevölke-
                              rung von Niger. In: Afrika-Spectrum,
                              Hamburg 74/3, S. 308 - 316

GABRIEL, ANDRES u.a.(1982)   : Die Sahara, GR-Themenheft, GR, H. 6

IBRAHIM, F. (1978)   : Desertifikation, ein weltweites
                              Problem. In: Geogr. Rundschau,
                              S. 104 - 107

MENSCHING/IBRAHIM (1976)   : Das Problem der Desertification.
                              In: GZ, H. 2

MENSCHING, H. (1978)   : Anthropogene Einwirkungen auf das
                              morphodynamische Prozeßgefüge in der
                              Sahelzone Afrikas. In: 41. Deutscher
                              Geographentag, Tagungsberichte,
                              S. 407 - 416

MENSCHING, H. (1980)   : Klimaänderungen und Klimaschwankun-
                              gen in der Sahelzone Afrikas und die
                              Zerstörung des Ökosystems durch den
                              Menschen in historischer Zeit. In:
                              Veröff. J. Jungius-Ges. Wiss. Ham-
                              burg 44, S. 141 - 159

Museen der Stadt Köln(1978):   Sahara, 10.000 Jahre zwischen Weide
                               und Wüste, Köln

NICOLAISEN, J. (1963)   : Ecology and Culture of the Pastoral
                               Tuareg, with particular reference
                               of the Tuareg of Ahaggar and Air,
                               Copenhagen 1963

SPITTLER, G. (1981)   : Verwaltung in einem afrikanischen
                               Bauernstaat, Steiner-V.,Wiesbaden

TAUBERT, K. (1978)   : Nigers Kampf mit der Wüste. In:
                               BP-Kurier I/II, 1978, S. 28 - 35

TAUBERT, K. (1979)   : Wüstenstädte für Nigers Uranabbau.
                               In: BP-Kurier, 2, 1979, S. 20 - 25

TAUBERT, K. (1980)   : Salzkarawanen der Tuareg - wie lange
                               noch? In: BP-Kurier, 4/80, S. 32-39

WEICKER, M. (1982)   : Nomadisierung in Westafrika, darge-
                               stellt am Beispiel der Tuareg des
                               Air/Niger, Eirene-Arbeitsmateria-
                               lien, Neuwied

o.V.   (1980)   : Atlas du Niger, Editions Jeune
                               Afrique, Paris

o.V.   (1978)   : Bilan Departemental AGADEZ (BD),
                               Ministère du Plan

o.V.   (1980)   : Länderkurzbericht Niger, Stat.
                               Bundesamt Wiesbaden

Berichte und Gutachten über Projekte im Air.

GTZ/Rep. du Niger, Projets d'Infrastructures travaux
    communautaires:
-   Rapport final, sous-projet No. 1: Iferouane.
-   Projet d'execution, sous-projet No. 4: Timia
-   Annexe I. 2: La situation des Jardins á Iferouane 1976
-   Rapport final, projet No. 1 L'execution des travaux A:
    Iferouane. Annexe No. 4. 1977
-   Piste Iferouane - Arlit. Rapport final. 1980

GTZ/FED: Projekt 76.2088.3-01.100 Erprobung von Bewässerungs-
    techniken in der Sahelzone. Abschlußbericht.

ICON-Institut. 1980: Ch.Bach, E.-M.Bruchhaus,U.Linnhoff.
    Evaluierung des Projektes "Arbeitsintensive Infrastruktur-
    maßnahmen im Air/Niger". Köln.

PASCHEN, H. (1980): Avantage et inconvenient des travaux
    á haute intensité de la main-d'euvre au Niger.
    Unveröff. Ms.

Schüttrmpf,R., E.Böckh, W.Rees. 1979: Gutachten. Wasserbau-
    liche Maßnahmen im Teloua-Tal bei Agadez/Niger.
    P.N. 78.2077.2.

SPITTLER,G. 1976 a: Zwischenbericht zur Untersuchung
"Arbeitsintensive Infrastrukturvorhaben im Air".
- 1977: Note sur l'organisation des transports
par chameau dans l'Air.

TAUBERT/ROEDER/HÖRMANN: Vermarktung im Air: GTZ-Gutachten 1981,
PN 74-2080.5-01.300

ZABEL,G. 1980: Gartenbau im Teloua-Tal und im Air-Gebirge.
Unveröff. MS, Indoudou.
- 1981: Landwirtschaftliche Versuchsstation Indoudou.
Projektbeschreibung.

K R E T A   1 9 8 2   –   DRAMATURGIE EINER EXKURSION

Von Ute Braun

Einleitung

Wie ein Dramaturg bei der Auswahl und maßgebenden Auffassung
der Stücke mitwirkt, sie für die Bühne einrichtet und ihren
Gehalt den Schauspielern nahebringt, so kann man auch eine
Exkursion in dem Sinne dramatisch gestalten, daß man daraus
ein bewegtes Geschehen macht, welches mit Spannung erfüllt
sein soll. Um den eigentlichen (fachlichen) Gehalt unvergeß-
lich zu machen, sollte der Inszenierungsgedanke einmal in die
Tat umgesetzt werden. Dabei sei dezidiert, daß Überraschungs-
effekte bei Wiederholung an Wirksamkeit verlieren, und diesem
Verfahren so deutlich Grenzen gesetzt sind. Die Grenzen der
Inszenierung müssen immer wieder von neuem herausgefunden werden und lassen sich nicht kategorisch bestimmen. Gerade das
Nicht-Vorhandensein einer gängigen Exkursionsideologie (DAUM
1981, S. 71-75 unterstellt eine solche) - und Exkursionspraxis
stellt immer wieder vor die reizvolle Aufgabe, die Art der Exkursion zu bestimmen, ihren zeitlichen Rahmen zu begründen,
didaktische Zielsetzungen zu konzipieren und methodische Variationen durchzuspielen.

Der Jubilar hat sich der außerordentlich mutigen Aufgabe unter-
zogen, im Rahmen der Lehrerbildung ein sozialgeographisches Ge-
ländepraktikum - großen Teils per Fahrrad - über den Freizeit-
wert der Gemeinde Scheeßel durchzuführen. Diesem anwendungsbe-
zogenen Ansatz wird ein anderer Inszenierungsgedanke zur Seite
gestellt und dem Jubilar gewidmet. Die Wiedergabe von Ideen und
erfolgreichen Erfahrungen auf Exkursionen soll das vielfältige
Spektrum von Möglichkeiten transparent machen. Exkursionen sollten stets zu einer freudvollen Angelegenheit im Studiengang
werden.

Rahmenbedingungen für die Exkursion nach Kreta

Eine große Exkursion ist Teil des Pflichtstudienganges für Lehr-
amtsstudenten. So basiert die Teilnahme in der Regel nicht auf
freiwilliger Basis, wie es z.B. bei Reisen des Schulgeographen-
verbandes, der Geographischen Gesellschaft oder gar der Reise-
veranstalter der Fall ist. Verknüpft damit ist auch die Teilnahme an einem Vorbereitungsseminar, während die Nachbereitungs-
übung auf freiwilliger Mitarbeit beruht. Diese Fakten müssen
beim Exkursionsgeschehen Berücksichtigung finden.

Während man sich vor einigen Jahren noch über das Fehlen (vgl.
BRAUN/TAUBERT 1976, WEIGAND 1972) von exkursionsdidaktischen
und exkursionsmethodischen Reflektionen beklagen mußte, ist
dieses Defizit inzwischen aufgeholt (vgl. insbesondere "geographie heute" - Exkursionen, H. 3, 1981, vom Jubilar mitheraus-
gegeben; mit ausführlichem Literaturverzeichnis). Indessen
stehen zwar noch viele Widersprüche wissenschaftstheoretischer
Art im Raum; diese zu klären, soll nicht meine Absicht sein. Es
sollen die Überlegungen fortgesetzt werden, die seit Jahren mit
dem Kollegen Dr. Karl Taubert geführt werden. Verf. ist davon
überzeugt, daß gerade der Dialog bei der Planung und Durchführung von Exkursionen notwendig ist. Steht man doch als Dozent
vor eben genau jenem Problem, mit dem auch die Studenten kon-
frontiert sind, nämlich sich auch im sozialen und zwischen-
menschlichen Bereich zugunsten einer übergeordneten Idee zu
arrangieren. So sind die folgenden, protokollarischen Aussagen
zur Dramaturgie der Kreta-Exkursion Ergebnis gemeinsamer Planung, Durchführung und Reflektion.

Zur Vorexkursion

Verf. verbrachte im Sommer 1979 einen privaten Ferienaufenthalt
auf Kreta. Da es einem engagierten Geographen kaum gelingen dürfte, nur unter privaten, erholungssuchenden Aspekten zu schauen,
zeigte sich gleich eine Reaktion dergestalt, daß - wie schon so
oft erfahren - der insulare Charakter eines Raumes in seiner
Geschlossenheit, aber auch in seinen Reichweiten-Beziehungen zu
anderen Räumen für Studien- und Ersterfahrungen von Geographie-
Studenten ein optimales Anschauungsbeispiel abgeben würden.

Typische Merkmale einer mediterranen Natur- und Kulturlandschaft - einschließlich Höhenstufung - konnten ein exempla-
risches Fallbeispiel für den gesamten Mittelmeerraum abgeben.
Die Degradierung eines Landschaftshaushaltes von einer Hochkultur (der minoischen) unserer Welt bis hin zum struktur-
schwachen Raum Europas warf Fragestellungen auf. Der EG-Beitritt
(damals noch diskutiert) konfrontierte die Inselbewohner, die
vielerlei Eroberungen über sich hatten ergehen lassen müssen,
mit Problemen, die sie größtenteils nicht durchschauen konnten
und die in emotionale Proteste mündeten. So erwuchs spontan
die Idee, nach Exkursionen in mediterranen Räumen, z.B. Süd-
frankreich, Tunesien, Korsika, auch diesen Raum als mögliches
Exkursionsziel zu diskutieren.

So starteten wir im September 1981 - genau ein Jahr vor der
Exkursion - zu einer Erkundung des Unterrichtsraumes und der
Festlegung möglicher Untersuchungsgegenstände. Stets vor Augen
hatten wir dabei die zukünftige Berufssituation unserer poten-
tiellen Teilnehmer, allgemeingeographische Gesetzmäßigkeiten,
die nicht singulär, sondern allgemeinen Gesetzen gehorchend,
transferierbar sind, aber auch die individuelle, einmalige
Struktur und Entwicklung des Raumes der Insel Kreta. Welche
Routenwahl - welche Untersuchungspunkte konnten kombiniert
werden mit Zeitfestlegung, mit Unterkunftsfragen, mit Kartie-
rungsfragen, mit der Beschaffung von Verpflegung?

Uns war aufgrund jahrelanger Erfahrung klar, daß in einem
mediterranen Raum eine Zeltexkursion sich anbieten würde. Sie
ist kostensparend, befreit von Fremdbestimmung und vermag
optimal, soziale Lernziele zu integrieren.

Kreta stellte uns da vor besondere Probleme. Wir wollten uns
ihnen schon auf der Vorexkursion stellen: Wie kam man zeitsparend auf die Insel; war Zeltgepäck mit dem Flugzeug zu bewältigen?

Die Lösung von Kostenfragen für bestimmte Zwecke verlangen die
Richtlinien bereits von Schülern der Klasse 7/8. Keine einfache
Aufgabe für Schüler dieser Altersstufe - wir hatten lange an
dieser Nuß zu knabbern. Gewöhnlich hatten wir auf Exkursionen

unser Zeltgepäck in Hannover im Bus verstaut. Ziele - wie
Marokko und Tunesien - wurden auf diese Art angesteuert. Nun
stellte sich heraus, daß gegenüber einer Flugreise von Düsseldorf aus diese Methode neun zusätzliche Reisetage beanspruchen
würde (zweieinhalb Tage bis Ancona per Bus, je zwei Tage
Schiffsreise nach Kreta und zurück). Könnte sich eine auf Zelt-
exkursionen relativ unerfahrene Gruppe auf Fluggepäck einstel-
len? Wir mußten es testen. Glücklicherweise halfen persönliche
Kontakte zu einem Düsseldorfer Reisebüro, den Fly-and-Drive-
Flug zu organisieren. Die guten Erfahrungen bewogen uns, die
technische Organisation in Verbindung mit unseren konkreten
Vorstellungen der Hauptexkursion auch in die Hände dieses Reise-
büros zu legen.

Gerade die Vorbereitung dieser Fahrt zeigte, wie notwendig eine
Vorexkursion ist. Sie darf zwar zeitlich keinesfalls die Dauer
der Hauptexkursion überschreiten, wenngleich fast die doppelte
Wegstrecke zurückgelegt werden muß. Die (etwas unverständliche)
Angst der Kreter vor einer erneuten türkischen Invasion führt
dazu, sämtliche Straßenzustände Kretas nicht einwandfrei in
Karten zu dokumentieren. So war die Überraschung häufig sehr
groß, auf den amtlichen Karten eingezeichnete befahrbare Straßen
als unwegsame Pisten vorzufinden, die nicht einmal eventuell
notwendigen Wendemanövern eines Busses standgehalten hätten.
So mußten bestimmte Räume einfach aus Gründen der Befahrbarkeit
gestrichen werden. Gleichzeitig wurde deutlich, daß der geolo-
gische und geomorphologische Bau der Insel infolge seiner
Reliefverhältnisse eine problemorientierte, systematische, auch
zeitlich rationelle Durchdringung verbietet.

Es sind unregelmäßige, tektonisch herausgehobene Gebirgsstöcke,
die durch mittelhohe Bergländer voneinander getrennt sind und
im Westen der Insel 2452 m (Lévka Ori) erreichen. Im Zentrum
erhebt sich das Zentralmassiv Kretas auf 2498 m (Ida-Psiloritis),
und im Westen bilden mit 2155 m das Lasithi-Gebirge und mit
1500 m der Afendis Kavóusi (Sitia-Halbinsel) die eindrucksvoll-
sten Erhebungen. Diese Hauptgebirgsstöcke bilden die Charakter-
Silhouette Kretas. Einzig nach Westen hin weitet sich die weite
Messara-Ebene, die schon in minoischer Zeit bevorzugtes Siedlungs-
lungs- und Wirtschaftsland der Insel war. Sie spielte auch in

römischer Zeit eine hervorragende Rolle, als sie mit der Haupt-
stadt Gortys eine römische Provinz wurde (mit der Cyrenaika).
Während die Messara-Ebene die einzige intensiv genutzte Agrarlandschaft Kretas ist, die sich nach Süden, zum Lybischen Meer
hin, öffnet, erstrecken sich nach Norden, zur Ägäis hin, mehrere
breite Küstenebenen, die durch die gleichgerichteten Abflüsse
der Gebirge gegliedert sind. Hier liegen auch die bedeutsamen
Städte und Häfen des Landes. Ein Viertel der Bevölkerung lebt
heute in diesen Städten; vorwiegend sind es junge Leute. Ansonsten dominiert eine Agrarlandschaft und eine Agrarbevölke-
rung, die abhängig ist in ihrer Wirtschaftsweise von den Höhenstufen, dem Vorhandensein von Wasser und den Bewässerungsmöglichkeiten inmitten einer verkarsteten Landschaft und den An-
forderungen, die der inzwischen erfolgte EG-Beitritt Griechen-
lands an diese Insel stellt, die einst die Stätte der europäischen Hochkultur war. Während bei uns die Steinzeit herrschte,
blühte hier mit der minoischen Kultur eine der ersten Hochkul-
turen Europas. Von den neunzig Städten Homers gibt es heute nur
noch fünf. Sicher begünstigte damals der Lagevorteil zwischen
Europa, Afrika und Asien diese Entwicklung. Um die wahren
Gründe der Blüte der minoischen Hochkultur bemüht sich die
Wissenschaft heute ständig neu. Dorer, Römer, Sarazenen, Byzan-
tiner, Venezier und Türken stellten jeweils in den folgenden
Jahrhunderten andere Ansprüche an den Raum, stellten Ansprüche
an sein Naturpotential, veränderten beispielsweise das Wald-
potential. Während die kretischen Gebirgsländer im Altertum
wegen ihrer prächtigen Zypressenwälder und ihres Reichtums an
Arzneipflanzen berühmt waren, findet man heute kaum noch zusammenhängende Waldgebiete. Die degradierte Macchia, die Frygana,
dominiert; nur 7 % der Fläche werden ackerbaulich genutzt,
20 % sind verkarstetes Ödland, der größte Teil ist Weideland.
Acht von zehn Einwohnern leben von der Landwirtschaft. Im Anbau
dominiert heute der Wein, 55tausend t Wein werden jährlich produziert, 43tausend t Öl werden aus Oliven gepreßt. Trotz der
ausreichenden Niederschläge (von 600 mm an der Küste bis zur
3 1/2fachen Menge im Gebirge) besteht heute - im Gegensatz zu
älteren Literaturangaben - kein Wasserreichtum mehr, sondern
Wassermangel. Das Karstwassersystem unterliegt derzeit detail-
lierten wissenschaftlichen, hydrologischen Untersuchungen. Auch
der neuste Anspruch an den Landschaftshaushalt, der Tourismus,

fordert seinen Preis.

So resultierte als Ergebnis der Vorexkursion, den Ablauf der Hauptexkursion unter das Generalthema zu stellen: Degradierung eines Ökosystems von der Minoischen Hochkultur bis in die Gegenwart. Integriert in diese Fragestellung war der aktuelle, zukunftsweisende Aspekt der gegenwärtigen Nutzung vor dem Rahmen des EG-Beitritts. Bezogen auf die naturlandschaftliche Ausstattung des Raumes hieß das, insbesondere die Höhenlage bei der agrarischen Inwertsetzung und die spezielle Wasserversorgung in einer verkarsteten Landschaft mit all ihren Erscheinungsformen aufzuzeigen: Letztere sollten an Fallbeispielen erarbeitet werden, die höhenstufengebundene signifikante Merkmale zeigen und damit transferierbar sind.

Es boten sich intramontane Beckenlandschaften in unterschiedlicher Höhenlage mit unterschiedlicher Nutzung an. Sie sind von der Naturausstattung her Karstformen, Poljen. Am höchsten gelegen die Nida-Ebene (1355 m hoch, da. 1,5 km $\emptyset$); Omalos-Hochebene (1051 m hoch, ca. 1 km $\emptyset$); Lassithi-Ebene (813 m hoch, 4,5 km $\emptyset$); Ashifou-Hochebene (690 m hoch, 1 km $\emptyset$).

Diese Poljen stellen alle agrarische Nutzungstypen in Abhängigkeit von der Höhe und der modernen Umstrukturierung (z.B. Marktnähe, Straßenverhältnisse) dar.

Für das Vorbereitungsseminar ergaben sich hieraus Formulierungen von Leitfragen zur Problemerschließung. Gleichzeitig stand die Frage im Raum, wie dann aber gerade die übergeordnete Fragestellung in den Griff zu bekommen sei; insbesondere vor dem Hintergrund von militärisch strategisch nicht richtig ausgewiesenen befahrbaren Straßen und der morphologisch bedingten Tatsache, daß eine Rundfahrt Problemfelder und Standorte nicht in einen sinnvollen Zeitablauf einordnen könne. Zudem zeigte sich, daß anders als in frankophonen oder anglophonen Räumen die Sprachbarriere so beträchtlich war, daß die ursprüngliche Absicht, die Eigentätigkeit der Studenten durch die Methode der Befragung zu nutzen, zurückgestellt werden mußte. Alternativmethoden sollten im Vorbereitungsseminar diskutiert werden. Als weiteres Problem der Vorexkursion kristallisierte sich die Überlegung

heraus, die Routenwahl einmal an Standorte zu knüpfen, die
exemplarisch für den Einfluß einer jeweiligen Kultur auf der
Insel waren, um diese noch mit den nur fünf offiziellen Camping-
plätzen der Insel zu koordinieren. Zwar entdeckten wir noch
eine Reihe zusätzlicher Übernachtungsplätze; aber da laut offiziellen Angaben wildes Zelten in ganz Griechenland verboten ist,
konnten wir nur pro forma und in Hinsicht auf eine optimale
dramaturgische Gestaltung der Exkursion mit solcher Möglichkeit
liebäugeln.

Verpflegungsfragen, Organisation der Anfahrt, Zusammenstellung
von Ausrüstungsgegenständen erwiesen sich dank der Vorexkursion
bald als hinfällig. Sie waren leichter zu bewältigen als in
allen anderen Exkursionsräumen. Die Früchte des Landes (Gurken,
Tomaten, Oliven, Schafskäse, Weintrauben und Wein) gab es ausreichend in den kleinsten Dörfern auf Märkten, so daß auch eine
Gruppe von 25 Personen zeitsparend einkaufen konnte. Zentral
brauchte im wesentlichen nur das Brot eingekauft zu werden.
Auch bieten die vielen einfachen Dorf-Tavernen eben jene ó.g.
Früchte zusätzlich mit Fleischprodukten von einheimischem Lamm
und Hammel so preiswert an, daß sich große zeitraubende Koch-
aktionen kaum lohnten. Deswegen konnte auch die Mitnahme von
vielen Kochutensilien entfallen, die das Fluggepäck zusätzlich
belasten würden. Einflammiger Kartouchenkocher sowie ein Topf
würden genügen. Infolge des mediterranen Klimas konnte auf die
Mitnahme von umfangreicherer warmer Kleidung verzichtet werden.
Taten sich zwei Personen zusammen, so brauchte das Gesamtflug-
gepäck die zulässige Gewichtsgrenze von 20 kg nicht zu überschreiten.

So hatte uns die Vorexkursion überzeugt, daß organisatorisch
einer Flugreise nichts im Wege stehen würde. Das Generalthema
und der Forschungsgegenstand standen fest, immer unter dem
Aspekt möglicher Verwendbarkeit für eine spätere Lehrtätigkeit
an der Schule. Dieser Transfer konnte inhaltlicher sowie metho-
discher Art sein, aber auch die Techniken des Ablaufs einer
gemeinsamen Fahrt sollten transparent gemacht werden. Selbst-
erfahrung sollte gleichzeitig helfen, eigene Interessen zu
erkennen; damit sollte aber auch gleichzeitig das Augenmerk auf
den Umstand gelenkt werden, daß innerhalb einer Gruppe der

Durchsetzung eigener Interessen Grenzen gesetzt sind. Zusammenarbeit in Kleingruppen sollte über die sozialen Lernziele hinaus
als Antriebskraft für das Erreichen von kognitiven Lernzielen
dienen. Soziale Lernziele sollten als Antriebskraft für den
Lernprozeß genutzt werden. Ihr Erreichen geschieht nicht um seiner selbst willen, wie es bei therapeutischen Verfahren der Fall
sein könnte, sondern als motivierende Kraft, fachliche Einsichten für eine bessere Grundlage des fachlichen Wissens zu er-
werben. Daß zusätzlich eine Menge von Dias auf der Vorexkursion
erstellt wurden, ermutigte uns zusehends, dem Vorbereitungsseminar optimistisch entgegenzusehen.

Zum Vorbereitungsseminar

Nachdem sich anfangs fast 30 Teilnehmer angemeldet hatten,
zogen - das ist durchaus üblich - einige ihre Anmeldung aus
externen Gründen zurück, so daß schließlich 24 Kommilitonen an
der Erstellung eines Exkursionsplanes mitarbeiten konnten
(23 Kommilitonen nahmen schließlich an der Fahrt teil): inhaltlich, methodisch und organisatorisch sollte nun die Arbeit an
die Teilnehmer der Exkursion verteilt werden. Inzwischen hat
ein Teil des Nachbereitungsseminars in Form eines dreitägigen
Wochenendseminars in außerhochschulischem Milieu stattgefunden.
Dort fand der Zentralgedanke volle Zustimmung, das Vorbereitungsseminar deswegen schwerpunktmäßig mit allgemeingeographi-
schen Themen abzuhandeln, weil den größtenteils noch jüngeren
Semestern Grundwissen zu Schwerpunktthemen der Exkursion fehlte;
gleichzeitig erklärten sich zwei Studenten bereit, außerhalb
der Hochschulräume Treffen zu ermöglichen (erstmals wurde diese
Organisation an studentische Teilnehmer abgegeben).

Wir gingen davon aus, daß die Treffen, die wir üblicherweise
bei uns jeweils zu Hause mit privatem Charakter erfolgreich
durchgeführt hatten, auch einmal in die Hand der Studenten über-
geben könnten. Aber bei diesem Punkt zeigte sich, daß der Mit-
beteiligung Grenzen gesetzt sind. Das Treffen kam nicht zustan-
de, was sich als außerordentlich bedauerlich herausstellte,
weil keine persönliche Kontaktnahme der Studenten untereinander
möglich war. Diese Tatsache sollte sich nachteilig auf das
Seminar auswirken und bestätigte jene persönliche Einstellung,

die davon ausgeht, daß die im letzten Jahrzehnt allgemein ge-
pflegte Mitbestimmung der Studenten sehr schnell ihre Grenzen
findet, wenn es über die Artikulation hinausgeht und praktische
Taten folgen sollen. Im Gegensatz zu vielen pädagogischen Intentionen (BÖNSCH/SILKENBEUMER 1972) führten einfach persönliche Erfahrungen über ein Jahrzehnt hinweg zu dem Schluß, daß
man zwar pseudosozialer und damit zeit- und nervenaufreibender
Selbstbestimmung nachgeben kann, das Ergebnis aber in keiner
Relation zum Erfolg steht. Was vielleicht manch kritischem
Standpunkt zu autoritär erscheint, ist dennoch bei gewissen-
hafter und verantwortungsvoller Abwägung eine Handlung für die
Gruppe. Selbst die praktische Durchführung einer Initiative für
das Zustandekommen einer Situation, die soziale Lernziele ermöglicht, sollte man sich nicht aus der Hand nehmen lassen.
Die Grenzen der Mitbestimmung sind sehr schnell erreicht. Dadurch, daß diese Chance vertan wurde, lernten sich die Studenten, die zwei Wochen zusammen leben sollten, auch nicht kennen.
Sie "saßen im Seminar ihre Zeit ab" und begründeten ihre schwan-
kende Teilnahme mit dem zu späten Zeitpunkt (17^{00} - 19^{00} Uhr)
und dem Ablauf der Fußball-WM. Darüber hinaus wurde negativ
bemerkt, daß diese Übung überhaupt in Seminarräumen der Hochschule stattfand, weil man die Reise für etwas Besonderes hielt
und keinen normalen äußeren Rahmen ("oder Seminarraum") wünsch-
te. Kontrovers war offensichtlich auch die Sichtweise, ob man
in den Exkursionsführer Themen aufnehmen sollte, die über die
Besprechung im Seminar hinausgingen (z.B. Themen zur Stadtgeographie von Iraklion, Rethymnon, Chania sowie historischen
Stätten). Es kristallisierte sich auch heraus, daß über die
vorgegebenen Themen hinaus keine Beschäftigung über allgemeine
Reiseliteratur hinaus mit dem Raum stattfand. Selbst die Beschäftigung mit technischen Abläufen war letztlich kein Dis-
kussionspunkt.

So war die Euphorie nach der Vorexkursion eigentlich durch das
Vorbereitungsseminar sehr gedämpft worden. Sollte der Glaube,
eigene Begeisterungsfähigkeit für Landschaften und ihre Probleme
zu transferieren, ein Irrtum sein, oder galt es nun, die Leitung
doch stärker in die Hand zu nehmen, wie ein Dramaturg bei der
Inszenierung einer Aufführung bewußt dem Geschehen seinen eigenen Stempel aufprägt?

Zum Exkursionsablauf

So erwuchs aus der Diskrepanz zwischen den vielen Ideen und
Möglichkeiten der Vorexkursion und dem Verlauf des Vorbereitungsseminars die Idee, dieses Mal stärker dramaturgisch zu
fungieren, zu inszenieren, die Zuschauer, die Studenten, zwar
zu integrieren, aber in gewissen Graden doch mit dem Ablauf
der Handlungen zu überraschen.

Leitmotiv sollte der landschaftsökologische Ansatz als eine
Richtung wissenschaftlicher Betätigung sein. HARD verwies
bereits darauf, daß nur "durch eine Orientierung an Problem
und Theorie die geographische Ökologie z.B. ihren Beitrag
leisten könne zu den planungsbedeutsamen Fragen nach Möglichkeiten und Grenzen der Nutzung, nach Belastung und Belastbar-
keit von Ökosystemen und Vegetationstypen (1973, S. 18)".
TICHY (1972, S. 17) fordert die "Erforschung und Darstellung
des Ausmaßes der ökologischen Umgestaltung der Erde durch den
Menschen unmittelbar und mittelbar. Das entspricht der didaktischen Forderung von ERNST (1970) und HENDINGER (1970), die
Naturfaktoren in ihrem Zusammenwirken mit Humanfaktoren zu
durchschauen. Diese Sichtweise, die inzwischen u.a. in den
Niedersächsischen Rahmenrichtlinien ihren Niederschlag gefunden
hat, ermöglicht einen Transfer auf die künftige Berufssituation
der Studenten. Probleme der Landschaft als eines veränderlichen
Systems sollten in den Vordergrund praktischer Arbeit rücken.
Sie sollen erlebt und erfahren werden.

P r o l o g : Fern des Hörsaals ist die Atmosphäre ungezwunge-
ner. Bereits die Bahnfahrt zum Flughafen ließ persönliche Kontakte aufkommen und sollte ein erster Schritt zur Auflockerung
der Lernsituation sein. Selbst im Gedränge des Flughafengebäudes
zeigte die Gruppe die Konzentration, die für eine Einführung
in die künftige Handlung notwendig war. Wie im antiken Drama
und im Drama des Mittelalters und der Renaissance intendiert
diese Vorrede, - in diesem Falle zur Klärung technischer Fragen - ein Zusammengehörigkeitsgefühl von einem bestimmten Zeitpunkt an zu erreichen; von nun an soll als Gruppe gedacht und
gehandelt werden: jeder soll sich seiner Aufgabe im folgenden
Geschehensablauf noch einmal bewußt werden. Flug, Empfang durch

das dortige Reisebüro, Transfer zum Hotel in Iraklion fanden in
erregter Erwartung statt. In diesem ersten Angespanntsein wäre
es eine Überforderung gewesen, noch zu einem entfernt gelegenen
Zeltplatz weiterzufahren. Eingefangen vom Mittelmeerklima und
der Atmosphäre einer mediterranen Stadt freute sich jeder über
sein Hotelzimmer. Auf vielen vorangegangenen Exkursionen hatte
sich als positiv herausgestellt, daß Hotelreservierung in einem
solchen Fall sinnvoll ist; dies erwies sich auch hier als richtig. Nach kurzer Zeit schwärmten kleine Grüppchen in das abend-
liche Treiben, um die ersten Eindrücke eines andersartigen
Raumes auf sich wirken zu lassen.

Wir wurden entlohnt durch fröhliche Gesichter am Frühstücks-
tisch; Einkauf, Geldtausch und Aufnahme des kretischen Busfah-
rers folgten. Im Gegensatz zu unserer Erwartung sprach er nur
griechisch; war dafür aber Kreter, kannte die Insel, kannte die
Menschen, ermöglichte uns, jener Absicht nachkommen, die wir
als Auftakt gewünscht hatten, nämlich "wild" im Gebirge bei
Hirten und Herden zu zelten. Hier zeigte sich bereits die erste
Möglichkeit, flexibel zu reagieren, eine Chance, die Zeltexkur-
sionen optimal bieten (vgl. BRAUN/TAUBERT 1978, S. 173). Der
Vorhang konnte aufgehen - das Spiel beginnt.

Fahrtroute:
11. 9. Iraklion - Anojia - Nida-Ebene
12. 9. Nida-Ebene - Anojia - Axos - Moni Arkadi
        Perama - M. Ardadien - Rethymnon
13. 9. Rethymnon - Chania - Maleme - Vukoliae - Chania
14. 9. Chania - Samaria-Schlucht (zu Fuß) - Chora Sphakion
        (per Schiff) - Chania
15. 9. Chania - Akikianos - Fournes - Lakki - Omalos und
        zurück nach Chania mit Abstecher von Fournes nach Meskla
16. 9. Chania - Amamdarion - Rethymnon
        Amari - Ajia Galini
17. 9. Ajia Galini - Timbaki - Festos - Gortys - Matala -
        Ajia Galini
18. 9. Ajia Galini - Timbaki - Mires - Ajia Deka - Ajia Varvara
        - Iraklion - Malia - Sision
19. 9. Malia - Neapolis - Limnae - Elunda - Ajios Nikolaos -
        Lato (Fußwanderung) - Sision

20. 9.   Malia - Potamies - Lasithi - Neapolis - Sision

21. 9.   Sision - Ajios Nikolaos - Gournia - Sitia - Vai -
         Kato Zagros

22. 9.   Kato Zagros - Sitia - Ierapetra

23. 9.   Ierapetra - M. Arvi - Ano Kianos - Archanes - Iraklion

24. 9.   Iraklion, abends Rückflug

1.   A k t : Die dramaturgische Idee war es, als Einstieg den
Kontrast zwischen der geschäftigen, ins Umland hineinwachsenden
Stadt Iraklion (Ergebnis der Landflucht) und der einsamen kretischen Gebirgslandschaft mit einem typisch kretischen Dorf
(Anojia) zu erleben. Phantastisch ist der Gegensatz im majestä-
tisch sich erhebenden Zentralmassiv Kretas, dem Ida - Psiloritis
(2498 m). In ihn eingesenkt liegt in 1355 m Höhe die Nida-Ebene,
eine Polje von klassischer Ausprägung mit allen typischen Merk-
malen, die diese Großkarstform von ihrer Definition her fordert. Gleichzeitig konnte damit eine didaktische Einführung in
die Generalidee der Exkursion erfolgen (vgl. S. 136).
Sollten vier Poljen in unterschiedlichen Höhenlagen als Leitmotiv durch die Exkursion ziehen, so bot hier die am höchsten
gelegene Form die glückliche Möglichkeit, Einzelfaktoren
(Karst, Höhenstufung, Entwaldung, Wasserhaushalt, Weidewirtschaft, Transhumance) zu beobachten und zu beschreiben, die im
weiteren Verlauf immer wieder in Variationen angetroffen wurden, dann verglichen, gedeutet, eingeordnet, verallgemeinert
und diskutiert werden sollten. Hier sollten aber auch Emotionen
angesprochen werden dergestalt, daß eine Landschaft nicht nur
in ihren Problemstellungen gesehen wird, sondern auch gefühls-
mäßig als ein andersartiger Lebensraum für eine andersartige
Wirtschaftsweise begriffen wird. Da fügte sich harmonisch die
Absicht ein, in dieser kargen Gebirgswelt die Zelte aufzu-
schlagen, weitab von jeder menschlichen Siedlung. Fern vom
organisierten Campingplatzbetrieb hatte jeder die Möglichkeit,
in Ruhe sein Zeltgepäck zu ordnen (einige waren noch unerfahren
darin) und den Zeltaufbau zu erproben. Einfache Mahlzeiten
wurden zubereitet, Schafs- und Ziegenherden schauten zu, zogen
sich wieder zurück. Hirte und Busfahrer freuten sich mit der
Gruppe. Ein erstes geselliges Beisammensein bei kretischem Wein
fand statt. Dieses Arrangement war methodisch gewollt. Jetzt
sollten Weichen gestellt werden. Diese Inszenierung sollte auf

jeder Fahrt eingeplant werden. Wir wissen aus vielen Erfahrungen
(vgl. BRAUN/TAUBERT 1976 und 1978), daß es unbedingt notwendig
ist, nochmals die Exkursionsabsicht offen zu legen, unsere Er-
wartungshaltung klar zu artikulieren und die Erwartungshaltungen
der Studenten zu analysieren. Die Art der Exkursion wurde noch
einmal vor Augen geführt, Beobachten und Aktivsein sollten sinnvoll miteinander verbunden werden, Freizeitphasen optimal integriert sein. Jetzt wurde deutlich, wie wenig die Kommilitonen
sich trotz Vorbereitungsseminar untereinander kannten. Hier
fühlten sie sich bereits als Gruppe. Affektive Lernziele können
in die Inszenierungsabsicht integriert werden, soziales Verhalten sich bewähren. Veränderung von Verhaltensdispositonen
beinhaltet Bereitschaft zum Lernen, zum Arbeiten, zum Erreichen
kognitiver Lernziele. So wollte der Abend die Motivation zur
gemeinsamen Arbeit freilegen. - Bei Dunkelheit wurde ein Lager-
feuer entzündet, Gitarrenklang und Gesang hallten in die immer
kälter werdende Nacht. Ein erster dramaturgischer Höhepunkt
war gelungen.

Am nächsten Morgen konnte an das Verkarstungsphänomen auf Kreta
sofort angeknüpft werden. In unmittelbarer Nähe des Übernach-
tungsplatzes konnten auf engem Raum nahezu sämtliche Erscheinungen des Makro- und Mikrokarstes in großer Fülle photogra-
phiert und erklärt werden.

2. A k t : Für die historischen Epochen, deren Auswirkungen
noch heute im Raume sichtbar sind, sollte exemplarisch jeweils
nur ein Beispiel aufgesucht werden. Aus der neusten Geschichte
Anojia - während des 2. Weltkrieges total von den deutschen
Truppen zerstört und mit amerikanischer Hilfe in eintöniger
Bauweise wieder aufgebaut -. Dennoch vermochte es dieser Ge-
birgsort mit seinem dominierenden Textilgewerbe (abhängig von
der Schafzucht der Region), in relativ kurzer Zeit typisch
kretische Wesenszüge anzunehmen und unterscheidet sich in seiner Struktur wenig vom benachbarten Axos, einem Dorf, das von
den Touristengebieten der Nordküste in Tagesreisen angefahren
wird. Es war in dorischer Zeit eine mächtige Stadt. Oberhalb
steiler Hänge war es praktisch uneinnehmbar gewesen. Die be-
karsteten kahlen Hänge heute lassen kaum ahnen, daß hier das
Naturpotential einstmals andere Ernährungsmöglichkeiten bot.

Stellvertretend für die Epoche des Widerstandes der Kreter
gegen die Türkenherrschaft wurde - in den Bergen versteckt -
die Klostersiedlung Moni Arkadi aufgesucht, heiligstes Symbol
des Freiheitskampfes, der 1866 seinen Höhepunkt dadurch fand,
daß Frauen und Mädchen freiwillig in den Tod gingen, indem das
Pulvermagazin des Klosters in die Luft gesprengt wurde. "Freiheit oder Tod" war die Devise, die in KAZANTZAKIS unsterblichem
Roman seinen Niederschlag fand. Heute wird dieser Tag als
Nationalfeiertag begangen (9. November).

Parallel zu den historischen Akzenten sollte die Konfrontation
von der Gebirgslandschaft mit den Küstenebenen des Nordens erfolgen. Als Bindeglied diente die Behandlung eines typisch
mediterranen Torrenten-Flusses, des Mylopotamus, der sowohl in
seiner Physiognomie als auch in seinem Abflußverhalten überlei-
tete zu der Bewässerungsnotwendigkeit und -möglichkeit in der
Küstenzone dieser mediterranen Region. Die Küstenlandschaft
zwischen Rethymnon und Chania wurde mit der westlich von Chania
verglichen. In diesem Vergleich einbezogen wurden die Stadt-
bilder der beiden Städte sowie ihre unterschiedlichen Beziehungen zum Umland.

War dieser Part didaktisch gekennzeichnet durch den Kontrast
Gebirge - Küstenebenen, so sollte auch methodisch eine Kon-
trastierung Akzente setzen. War es im ersten Teil vorwiegend
Demonstration, so sollte nun die Selbsterarbeitung einer mediterranen Kulturlandschaft in Kleingruppen erfolgen. Ein Raster
zur Kartierung und Befragung wurde erarbeitet, fünf Gruppen an
unterschiedlichen Standorten entlassen. Abends wurden die Ein-
zelarbeiten formuliert, ein Kausalgeflecht erstellt, mit Lite-
raturergebnissen des Vorbereitungsseminars verglichen, Einzelergebnisse gedeutet, in den Gesamtzusammenhang eingeordnet,
verallgemeinert, begründet. Das Vorstellen der Gruppenergeb-
nisse knüpfte an die Zielsetzung des 1. Aktes an. War es dort
ein Finden der Gruppen, ein Abstecken des Rahmens, so konnten
hier die Gruppen bereits Ergebnisse gemeinsam erbringen.

3.   A k t : Nach kurvenreichen Fahrten durch das Gebirge und
manchen Fahrtkilometern an der Küste bot sich zum Durchhalten
der Spannung methodisch eine andere Form an: die Wanderung.

Der 18 km lange und in der Breite zwischen 3 (!) und 40 m variierende, von Norden nach Süden verlaufende Felseinschnitt der Samaria-Schlucht ist die längste Schlucht Europas. Die Felswände steigen bis zu 600 m in der Höhe, seltene Flora kennzeichnet die Höhenstufung. Von über 1000 m Höhe steigt der Wanderer bis zum Libyschen Meer herab: ein Höhepunkt eines jeden Kreta-Aufenthaltes. Die 6 bis 7stündige Wanderung wurde von den Teilnehmern auch als ein solcher empfunden. Nach 2stündiger Schiffsfahrt fand sich die Gruppe zwar etwas erschöpft, aber begeistert am Bus ein und war glücklich, daß auf dem Campingplatz ein gemeinsames Essen in der Taverne vorbestellt war.

Nun sollte es das psychologische Feingefühl eines jeden Gruppenleiters gebieten, nach solchermaßen körperlichen Strapazen eine Ruhepause einzulegen. Auch die grandiosen Eindrücke bedürfen einer Verarbeitung. Jedoch wissen wir aus vielen Erfahrungen vorangegangener Fahrten, daß es nicht günstig ist, einen ganzen Tag zu gewähren. Die Gruppe droht, auseinanderzufallen; eine sinnvolle Freizeitgestaltung in einem fremden Raum bereitet den Studenten große Schwierigkeiten (vgl. BRAUN/TAUBERT 1976). Die günstige Lage und Anlage des Campingplatzes (Bademöglichkeit im Meer, Taverne, warmes Wasser, Duschen) ermöglichte es, den halben freien Tag zu aller Zufriedenheit zu gestalten.

4. A k t : Didaktisch stand die nächst tiefer gelegene Polje (Omalos-Ebene) im Blickpunkt. Methodisch sollte das Prinzip des Vergleichs seine Anwendung finden. Im Vergleich zur Nida-Ebene sollte hier ein Raster erarbeitet werden, das auch bei den zwei noch folgenden Poljen seine Anwendung finden sollte und immer wieder benutzt werden konnte. Die Erstellung einer Tabelle gelang den Studenten recht gut. Größe, Höhenstufen, Verkehrserschließung und Absatzmöglichkeiten, Besiedlung, Klima, natürliche Vegetation, agrarische Nutzung und aktueller Nutzungsstand wurden analysiert. Dabei ergab sich, daß die Omalos-Ebene, die in größeren Kartenwerken sogar als See eingetragen ist, heute durch Wüstungserscheinungen charakterisiert ist. Die ehemals terrassierten Seitenhänge (Getreide- und Kartoffelfelder) sind ungenutzt und verfallen. Weidewirtschaft mit Schafen und Ziegen herrscht vor. Neu eingerichtete Ställe und temporäre Unterkünfte weisen auf ein der Transhumance nahekommen-

des, spezielles Nutzungssystem hin.

Zugleich bot dieser Polje die Möglichkeit, eine im Karstformen-
schatz noch nicht demonstrierte Erscheinungsform kennenzulernen,
nämlich eine am N-Rand gelegene große Katavothre, zu der man
durch einen Höhleneingang gelangt. In einer Dolinenreihe konnten
darüber hinaus vier weitere Schlucklöcher in einer offenbar
tektonischen Verwerfungslinie ausgemacht werden. Das hier ver-
sickernde Wasser sollte viele Kilometer talabwärts am Rande der
Levka Ori (Weiße Berge) wieder zutage treten. Wir fuhren hin.
In Meskla sprudelte unter Plantanen eine wasserreiche Quelle.
Das Wasser wird in den unterschiedlichsten Bewässerungssystemen,
die wir hier dicht nebeneinander beobachten konnten, auf die
Felder talabwärts bis nach Chania geleitet. Die Fruchtbarkeit
dieses Tales beruht auf den Bewässerungsmöglichkeiten. Vererbte
Wasserrechte, kooperative Verteilung und behördliche Organisa-
tion bemühen sich um eine Rechtsbasis für eine umfangreichere
Erschließung im Rahmen des EG-Beitritts.

Die enge Verzahnung naturgeographischer Faktoren mit agrarischen
Nutzungsmöglichkeiten ermöglichte hier eine ökologische Sichtweise.

Von der logischen Abfolge der Höhenstufung her hätte nun die
Lasithi-Ebene herangezogen werden müssen. Aus fahrtechnischen
Gründen (um Streckenwiederholungen soweit wie möglich zu vermeiden), fuhren wir zunächst zur am niedrigsten gelegenen Hoch-
ebene von Ashifou. Methodisches Ziel waren hier der Transfer,
die Festigung und die Herausarbeitung des Andersartigen gegenüber den zwei vorangegangenen Poljen. Ein idealer Standort
(auf der Vorexkursion ermittelt) ermöglichte es, die Nutzung
wie aus einem Buche abzulesen.

Z w i s c h e n s p i e l : Infolge des geomorphologischen
Großbaues von Kreta sind Durchquerungen kurvenreich und zeit-
raubend, aber eben nicht zu vermeiden. Um von der Nord- an die
Südküste zu gelangen, wählten wir den Weg durch das Becken von
Amari, das als intramontanes Becken andere Merkmale aufweist
als die Poljen, und das zugleich in seiner historischen Entwicklung die Entwicklung ganz Kretas im Kleinen wiederspiegelt.

Ein gewaltiger Macchienbrand, typisch für mediterrane Räume, wurde als willkommene Unterbrechung für eine Photopause genutzt.

5. A k t : Die größte Ebene Kretas, die Messara-Ebene (40 km lang, 8 km breit) stellt das größte geschlossene landwirtschaftliche Verdichtungsgebiet auf Kreta dar. Es ist die am intensivsten genutzte Landschaft Kretas, die heute zahlreiche Innovationen aufweist. Landschaftsprägend und neu auf dieser Reise waren die unter unzähligen Dächern aus Plastikfolie verborgenen Warmbeetkulturen, die nur durch intensive Bewässerung hier möglich sind. Bereits in minoischer Zeit sowie als Kornkammer des Römischen Reiches war dieser Raum dicht besiedelt. Erst die Eroberung durch die Araber bereitete dieser Blüte ein Ende. Beispielhaft für diese Epochen wurden Festos (minoisch) und Gortys (römisch) aufgesucht.

Im Gegensatz zum Mittelkretischen Hügelland mit seinen Weinbauarealen, findet man hier spezialisierte Betriebe, überdurchschnittliche Parzellengröße, größere Landmaschinen-Indikatoren einer für kretische Verhältnisse relativ modernen Landwirtschaft. Hier zeigte sich der Strukturwandel im Rahmen des EG-Beitritts besonders deutlich. Hier wird über die Subsistenzwirtschaft hinaus produziert. Das war aus der Landschaft abzulesen. Aber wie funktionierten die Mechanismen wie Absatz, Vermarktung etc.? Methodisch mußte ein neuer Weg gewählt werden; die dramaturgische Absicht forderte eine Abwechslung. So war bereits bei der Vorbereitung vorgesehen, einen Landwirt bei seinem Tagesablauf zu begleiten. Dank kollegialer Hilfe war uns ein Kreter vermittelt worden, der viele Jahre in Deutschland gearbeitet hatte, deutsch sprach und in der Messara-Ebene agrarisch genutzte Flächen besitzt. Im LKW wurde die Gruppe über Feldwege geschaukelt, Gewächshäuser konnten von innen besichtigt, Bewässerungsgenossenschaften aufgesucht, Fragen über Fragen gestellt werden. Wir wurden beschenkt mit Früchten der Ebene, erfuhren kretische Gastfreundschaft. Beim gemeinsamen Abendessen auf dem Campingplatz erschien unser Freund wieder, brachte Kanister von Wein mit, wollte feiern, feierte.

6. A k t : Kontrastierend zu der fruchtbaren Messara-Ebene wurde die Nutzung der Nordküste durch Tourismus als eine beson-

dere Form dargestellt, die heute bestimmte Ansprüche an den
Haushalt der Landschaft stellt. Der Tourismus verändert das
Landschaftsbild, verändert den Wasserhaushalt, beeinflußt den
Agrarsektor, setzt neue Akzente durch eine ungewohnte Bausub-
stanz. Ein Ortsrundgang durch Malia zeigte den momentanen Strukturwandel deutlich. Inmitten der Touristen schien es sinnvoll,
selbst wieder einen halben freien Tag einzulegen. Der Campingplatz am Meer mit Swimming-Pool schien dazu wie geschaffen. Ein
Pferd und ein Motorrad wurden sogar ausgeliehen - Ferienstim-
mung. So konnte man sich anschließend dem Thema Tourismus über-
gangslos zuwenden.

Mit Annäherung an Ajios Nikolaos zeigte Sozialbrache bereits
die Auswirkungen des Tourismus auf die Kulturlandschaft an. Die
wunderschöne Bucht von Mirabello weist mehrere 4 und 5 Sterne-
Hotels auf, von denen eins zu den schönsten des gesamten Mittel-
meerraumes zählen soll. Vor- und Nachteile des Tourismus in der
schon degradierten Landschaft der Insel wurden kontrovers diskutiert. Lato, als Beispiel für eine dorische Siedlung, wurde
als Ruinenstadt im Gebirge aufgesucht. Von diesem stillen ruhi-
gen Platz hat man einen Blick auf die Mirabello-Bucht, wo man
das touristische Treiben nur ahnen kann.

Die Ostküste würde thematisch und damit dramaturgisch keine
neuen Schwerpunkte setzen können. Sie wurde aber dennoch wegen
des landschaftlichen Reizes von den Studenten als "Sightseeing"
Tag gewünscht. Der berühmte Palmenhain von Vai enttäuschte.
Selbst als Tourist zu fungieren, erschreckte offenbar die
Gruppe. Sie sehnte sich zurück nach dem "eigentlichen" Kreta.
Das wurde aufgegriffen. Auf dem einsamen Geröllstand von Kato
Zagros schlief die Gruppe unter dem Sternenzelt beim Meeres-
rauschen; der Aufbau von Zelten war hier nicht möglich. Diese
Nacht wog den Tag wieder auf.

7. A k t : Die Lasithi-Ebene als größte Polje Kretas wurde
bewußt angegangen. Kriterien für Gruppenarbeit in verschiedenen
Orten in Form von Beobachtung und Befragung wurden nun schon
sehr selbstsicher festgelegt. Die Demonstration der Ergebnisse
war hier eingeplant. Einzelergebnisse wurden in übergeordnete
Fragestellungen eingeordnet, Ergebnisse in Tabellen festge-

halten, Fragestellungen gelöst, noch offene Fragen gesammelt,
Reflektionen über den Vergleich aller vier Poljen angestellt.
Es wurde nun deutlich, daß der Gesamtblick für das Leitthema
erhalten geblieben war. Das Besondere war aus dem Allgemeinen
her verständlich geworden, die Einzelbeobachtung in die Gesamt-
problematik eingeordnet. Auch auf andere Räume übertragbare
geographische Einsichten waren gewonnen.

8. A k t : Mit der Fahrt an die Südküste nach Jerapetra
wurden noch einmal abschließend im Zeitrafferverfahren die gesamte landschaftliche Vielfalt und ihre Probleme vor Augen geführt. Südlich von Sitia die klassische mediterrane Kulturlandschaft mit Cultura mista sowie künstliche Bewässerung. Konflikte zwischen landwirtschaftlicher Nutzung (Plastikhäuser)
und touristischen Interessen gibt es um Jerapetra; östlich
davon größere zusammenhängende Waldbestände, die einen Eindruck
vermitteln, wie die Vegetation früher auf Kreta ausgesehen
haben mag. Strukturwandel durch Sonderkulturen (Bananen) waren
in Moni Arvi ein letzter Untersuchungsgegenstand in Kleingruppen. Im größten Weinbaugebiet Kretas um Archanes sollte ein
ähnlich geselliger Akzent zum Abschluß gesetzt werden wie auf
der Nida-Ebene zu Beginn der Exkursion. Im Garten einer Taverne,
von Weinreben umrankt, prostete sich die Gruppe bei kretischem
Wein, Schafskäse und Oliven zu, bis sich dann abends im Hotel
von Iraklion der Vorhang über dem bewegten Geschehen schloß.

Nachwort:

Ein Nachbereitungsseminar zu dieser Fahrt läuft zur Zeit. Nahezu
alle Teilnehmer der Exkursion nehmen daran teil. Das spricht
wohl dafür, daß viele intendierte Ziele und Einsichten durch
diese Inszenierung erreicht wurden. Möge es den Teilnehmern
gelingen, für ihre künftige Berufssituation Intentionen, Fragen
und Methoden der Geographie besser zu begreifen und weiterzu-
tragen.

Literatur

BEHRMANN, W. (1944)   : Geographische Exkursionen.-A. PENCK
                          zum 85. Geburtstag gewidmet.- In:
                          G.Z. 50, S. 1 - 10

BEYER, L. u.   (1973) : Wider die herkömmliche Großexkur-
ITTERMANN, R.   sion! GR 4, S. 132 ff

BONNEFONT, J.C. (1971) : La Créte. Etude geomorphologique.-
                          Paris, 787 S.

BÖNSCH/SILKENBEUMER (1972): Soziales Lernen und Vorurteile. -
                          Nieders. Landeszentrale f. Polit.
                          Bildung, Hannover

BRAUN, U. u.   (1976) : Didaktische Überlegungen zum Pro-
TAUBERT, K.   blem "Geographische Großexkursion".-
                          In: Geographie und ihre Didaktik,
                          H. 2

BRAUN, U. u.   (1978) : Didaktisch-methodische Auswertung
TAUBERT, K.   einer Exkursion nach Tunesien im
                          Frühjahr 1978. - In: Geographie und
                          ihre Didaktik, H. 4

BRYANS, R. (1975)   : Kreta. - Pestel, München

COPEI, F. (1950)   : Der fruchtbare Moment im Unter-
                          richt. - Heidelberg

DAUM, E. (1977)   : Geographische Exkursionen sind ein
                          Problem. - In: Geographie und ihre
                          Didaktik, H. 3

DAUM, E. (1982)   : Exkursion. - In: Metzler Handbuch
                          für den Geographieunterricht. -
                          (hrsg.) von Jander et al., Metzler,
                          Stuttgart

ERNST, E. (1970)   : Lernziele in der Erdkunde. -
                          G.R., S. 186 - 194

ERNST, E. (1971)   : Die Lehrwanderung als Schülerexkur-
                          sion. In: Der Erdkundeunterricht,
                          H. 13, S. 3 - 20

GAITANIDES, J. u.   (1980): Traumfahrten auf und um Kreta. -
R. SCHNEIDER   Molden, Wien

GALLAS, K. (1979)   : Kreta. - Du Mont, Köln

GRANDJOT, W. (1974)   : Reiseführer durch das Pflanzenkleid
                          der Mittelmeerländer. - Köln

GRAU, B. (1974)   : Beiträge zur Exkursionsdidaktik. -
                          In: Kreuzer: Didaktik der Geogra-
                          phie in der Universität.
                          München, S. 227 ff

GUANELLA, H. (1977)   : Kreta. - Flamberg, Zürich

HARD, G. (1973)   : Zur Methodologie und Zukunft der
                              Physischen Geographien an Hoch-
                              schule und Schule. - G.Z., S. 5 - 35

HARD, G. (1973)   : Die Geographie - eine wissenschafts-
                              theoretische Einführung. Goeschen,
                              Berlin

HARD, G. (1974)   : Wie wird die Geographie/Erdkunde
                              überleben? - Päd. Welt 28, S. 422 ff

HASSELBERG, D. (1979)   : Planung und Organisation von Exkur-
                              sionen, Studienfahrten und Schul-
                              landheimaufenthalten. - In: Geo-
                              graphie im Unterricht, H. 8,
                              S. 275 - 282

HELLER, W. (1982)   : Griechenland - ein unterentwickeltes
                              Land in der EG. - G.R. 34, H. 4,
                              S. 187 - 195

HENDINGER, H. (1970)   : Ansätze zur Neuorientierung der
                              Geographie im Curriculum aller
                              Schularten. - G.R. S. 10 - 18

JANSEN, U. (1977)   : Probleme einer Schülerexkursion. -
                              In: Beiheft Geogr. Rdsch., H. 2,
                              S. 80 - 86

KAZANTZAKIS, N. (1978)   : Freiheit oder Tod. - Rowohlt,
                              Reinbek

KNIRSCH, R. (1979)   : Die Erkundungswanderung. Paderborn

KOPP, W. (1981)   : Wander- und Reiseführer Kreta. -
                              Geobuch, München

LESER, H. (1976)   : Landschaftsökologie als hochschul-
                              didaktischer Gegenstand. -
                              Braunschweig

MATHIOULAKIS, Chr. (1979)   : Kreta. - Fremdenführer von Kreta. -
                              Athen

NECKEL, W. (1978)   : Erziehung in Schule und Schulland-
                              heim. - In: Das Schullandheim Nr.
                              108, S. 6 - 14

NOLL, E. (Hrsg.) (1981)   : Exkursionen. - Geographie heute, H.3

SCHMIDT, DI-SIMONI (1978)   : Kreta. - Schröder Verlag, Köln

SCHÖNFEUDER, P. (1977)   : Das blüht am Mittelmeer. - Stuttgart

TANK, H. (1977)   : Wandel und Entwicklungstendenzen der
                              Agrarstruktur Kretas seit 1948. -
                              In: Die Erde, 108, S. 342 - 346

TAUBERT, K. (1981) : Strukturwandel in den Nefzaoua-Oasen als Schwerpunktthema von Studentenexkursionen. - In: Würzburger Geogr. Arbeiten, H. 53, S. 245-267

TICHY, F. (1972) : Die Aufgaben der Ökologie in der Kulturlandschaftsforschung. - In: Biogeographica, Vol. I, The Hagne, S. 15 - 23

TROLL, C. (1966) : Landschaftsökologie als geographisch-synoptische Naturbetrachtung. - In: Erdkundl. Wissen, 11, S. 1 - 13

VUIDASKIS, V. (1977) : Tradition und sozialer Wandel auf der Insel Kreta. - Heidelberg

WAGNER, E. (Hrsg.) (1980) : Lehrwanderungen. - Geographie im Unterricht. - Aulis/Deubner, Köln

WIRTH, E. (1968) : Zur Didaktik und Methodik geographischer Exkursionen. - Geogr. Taschenbuch 1966/69, S. 276 - 282

WUNDERLICH, H.G. (1979) : Wohin der Stier Europa trug. - Rowohlt, Reinbek

ZEPP-Festschrift (1975) : Zur Didaktik geographischer Geländearbeit, hrsg. v. Th. Schreiben u. G. Ritter, Selbstverlag PH, Rheinland, Köln